Nachzucht 66
Die Paarungsvorbereitung 66
Die Paarung 67
Der Kokonbau 73
Vom Ei zur Nymphe 76
Vom der Nymphe zur adulten Spinne 79

Weitere "Riesen" 80
Acanthoscurria geniculata (C. L. Koch, 1841) 81
Citharischius crawshayi Pocock, 1900 82
Lasiodora parahybana Mello-Leitão, 1917 83
Pamphobeteus antinous Pocock, 1903 84
Xenesthis immanis (Ausserer, 1875) 85

Danksagung 86
Literatur 88
Glossar 89
Anhang/Klima 91
Über den Autor 92
Nützliche Adressen 93
Register 94

Vorwort

Die Haltung von Vogelspinnen erfreut sich seit einigen Jahren immer größerer Beliebtheit. Selbst viele Laien finden einen gewissen Reiz bei der Betrachtung dieser Spinnentiere. Nicht selten hört man dann die Aussage, dass das „ja richtige Tiere" sind, und oft finden auch diese Leute mit der Zeit ihr Interesse an der Haltung von Vogelspinnen. Oft genug entwickeln sich solche Personen zu ernsthaften Haltern und Züchtern, die ihr Leben zu einem großen Teil auf Spinnen ausrichten. Leider gibt es auch viele Zeitgenossen, die sich Vogelspinnen nur als Prestigeobjekt anschaffen. Gerade für solche Menschen kann eine Vogelspinne nicht giftig und vor allem nicht groß genug sein. Logischerweise kommt dann auch *Theraphosa* ins Spiel. Meistens verlieren solche Halter aber recht schnell ihr Interesse an dem Tier, da es sich nicht als Monster herausstellt wie das gewünscht oder erwartet wurde. Bedauerlich für die Spinne, die bestenfalls noch in bessere Hände gelangt, aber oft auch nur noch dahinvegetiert.

Abb. 1. *Theraphosa blondi*, Männchen in Drohstellung. Foto: Uwe Dost

Riesenvogelspinnen

Theraphosa blondi & Theraphosa apophysis

von Hans-Werner Auer

mit 103 farbigen Abbildungen

HERPETON
Verlag Elke Köhler

Titel vorne:
unten: *Theraphosa apophysis.* Foto: B. Rast
oben links: Vorbereitung des Kokonbaus bei *Theraphosa blondi.* Foto: F. Schneider
oben rechts: Nymphe von *Theraphosa apophysis.* Foto: H.-W. Auer
Abb. S. 1: *Theraphosa blondi.* Foto: B. Rast

Hans-Werner Auer
Riesenvogelspinnen
Theraphosa blondi & Theraphosa apophysis
Offenbach: Herpeton, 2008
ISBN 3-936180-26-1

Titelbildgestaltung: Elke Köhler
Layout und Satz: Elke Köhler

Inhalt

Vorwort 4
Einführung 9

Name und Systematik 11
Kurzbeschreibung der Arten 14
Morphologie 16
Verbreitung und Lebensweise 21
Gefahren für den Menschen 37

Anschaffung 41
Zoofachhandel 41
Verkaufsbörsen 42
Internet 42
Private Züchter 44
Nachzucht oder Wildfang? 44
Gesetzliche Bestimmungen 47

Pflege im Terrarium 48
Die Unterbringung 48
Klimatische Bedingungen 50
Regelmäßige Pflegemaßnahmen 52
Ernährung 53

Krankheiten 56
Parasiten 56
Verletzungen 62
Vergiftungen 64

Lebenserwartung 65

Abb. 2. Weibchen von *Theraphosa apophysis*. Foto: Bastian Rast

Die Vielzahl der Arten, alle unterschiedlich in Lebensweise, Aussehen und Verhaltensmustern, lässt den Bestand der Halter oftmals relativ rasch ansteigen. Bei einigen Terrarianern ist dieses Hobby regelrecht ausgeufert. Eine vierstellige Anzahl an Tieren ist dabei keine Seltenheit. Allerdings genügt bei einigen Arten – wie zum Beispiel *Acanthoscurria geniculata* – ein einziger Kokon, um den Bestand auf mehrere tausend Tiere hochzuschrauben. Übersichtlicher ist es da bei *Theraphosa blondi*, deren Nachkommenschaft je Kokon selten mehr als 100 Jungspinnen ausmacht.

Ob es sich bei *Theraphosa* wirklich um die größten Vogelspinnen handelt, wird vielleicht irgendwann die Zukunft zeigen. Man sollte sich vor Augen halten, dass zum Beispiel das Amazonasgebiet zum größten Teil noch vollkommen unerforscht ist. Trotz momentan nahezu 900 bekannter Vogelspinnenarten werden

Abb. 3. An den meisten Stellen gibt es kaum ein Durchkommen. Foto: Hans-Werner Auer

selbst in der Nähe dicht besiedelter Gebiete immer wieder neue Arten entdeckt. Die zunehmende Globalisierung und das gesteigerte Interesse an wirbellosen Tieren zieht immer mehr Wissenschaftler und interessierte Laien in die Regenwälder dieser Erde.

Durch die dichte Vegetation sind einige Gebiete kaum zu erreichen. Man muss sich überwiegend auf Flüssen fortbewegen und kann nur selten tiefer in das Landesinnere vordringen. Aber selbst an Flüssen findet man oft keine geeignete Anlegestelle (Abb. 4).

Man kann also nur sehr beschränkte Gebiete erforschen. Aber selbst in diesen relativ gut untersuchten Gebieten werden regelmäßig unbekannte Arten gefunden.

Die Anzahl der noch unbekannten Spinnenarten dürfte in die Tausende gehen, wobei sicher ein Großteil auf klein bleibende und mittelgroße Arten fällt. Es sollte auf jeden Fall noch spannend werden, wie viele Vogelspinnenarten in der Zukunft noch entdeckt und beschrieben werden, sofern die zunehmende Biotopzerstörung diesem Vorhaben nicht einen Riegel vorschiebt (Abb. 5). Man möchte

Abb. 4. Fluss durch den Regenwald mit dichter Vegetation (Guyana). Foto: Hans-Werner Auer

Abb. 5. Durch die zunehmende Zerstörung von Biotopen sind etliche Arten in ihrem Bestand gefährdet. Foto: Hans-Werner Auer

sich nicht vorstellen, wie viele Arten durch diese Zerstörungen für die Wissenschaft bereits unwiderruflich verloren sind.

Dieses Buch soll dem Leser die Haltung und Zucht von *Theraphosa blondi* und *T. apophysis* im Terrarium näher bringen. Ein weiteres Hauptaugenmerk liegt auf dem natürlichen Biotop dieser Arten sowie auf den Krankheiten von Vogelspinnen, welche durch diverse Umstände immer mehr um sich greifen.

Mit möglichst genauen klimatischen Daten sollen auch die unterschiedlichen jahreszeitlichen Bedingungen im Lebensraum der Riesenvogelspinnen nähergebracht werden, was bei der Haltung im Terrarium ein nicht zu verachtender Punkt für die erfolgreiche Nachzucht ist.

Denn oftmals werden in Büchern nur pauschalisierte klimatische Eckdaten vermittelt, die den tatsächlichen Gegebenheiten in der natürlichen Umgebung der Spinnen nur zeitlich sehr begrenzt entsprechen.

Abb. 6. Adultes Weibchen einer *Theraphosa blondi*. Foto: Hans-Werner Auer

Einführung

Seit die Vogelspinnen ihren Einzug in die Terraristik gehalten haben, gehört *Theraphosa blondi* (Abb. 6 und 7) zu den am meisten gehaltenen und gesuchten Arten.

Auch wenn einige Größenangaben – es kursieren Körperlängen von 14 cm und mehr – vollkommen übertrieben sind, ist diese imposante Vogelspinne das Herzstück einer jeden Sammlung. Die tatsächliche Körperlänge dürfte nur in Ausnahmefällen die 10 cm übersteigen, wenn man beim Messen die nicht zum Körper gehörenden Chelizerenklauen und die Spinnwarzen nicht mit einbezieht. Einen nicht unerheblichen Anteil an der Größe einer *Theraphosa* hat ihr Ernährungszustand. Das Opisthosoma einer Vogelspinne nimmt bei gutem Futterangebot recht schnell an Umfang zu, so dass bei großen adulten Weibchen je nach Zustand der Ernährung die Körperlänge um

Abb. 7. *Theraphoa blondi* im Terrarium. Foto: Frank Schneider

Abb. 8. Drohende *Theraphosa blondi*.
Foto: Uwe Dost

etwa 1 cm variieren kann. Aussagekräftiger ist sicher die Spannweite (wie sie in den USA oder Großbritannien zur Ermittlung der Größe herangezogen wird) oder die Länge des Prosoma, welches sich, unabhängig von der Nahrungszufuhr, in der Größe nur nach einer Häutung ändert.

Eine 1925 in Montagne la Gabrielle in Französisch Guyana gefundene *Theraphosa blondi* war mit 9 cm Körperlänge bis in die 90er Jahre hinein die größte bekannte Vogelspinne.

Auch über die vermeintliche Aggressivität von *T. blondi* (Abb. 8) hört man wahre Horrorgeschichten. Man sollte dabei aber beachten, dass sie, wenn sie tatsächlich mal mit weit gespreizten Chelizerenklauen droht oder ihre Brennhaare zur Abwehr abstreift, nur ihren Lebensraum und sich selbst möglichst effektiv verteidigt. Tatsächlich ist dieser Riese unter den Spinnen recht umgänglich, was ich mit diesem Buch dem Leser zu vermitteln versuche. Nur selten wird von Bissunfällen im Umgang mit dieser Art berichtet.

Die Haltung sollte unter Beachtung der Bedürfnisse der beiden *Theraphosa*-Arten ebenfalls kein Problem sein, auch wenn man die Gegebenheiten, wie sie *Theraphosa* in ihrem natürlichen Habitat im Nordosten von Südamerika vorfindet, im Terrarium unmöglich nachstellen kann.

Selbstverständlich sollte man an die Pflege mit dem nötigen Respekt – den man im übrigen jeder Vogelspinne entgegenbringen sollte – herangehen, denn die Chelizerenklauen können mit ihrer Länge von über 1 cm doch recht tief eindringen. Die Reizhaare vom Typ III sind ebenfalls mit Vorsicht zu behandeln. Sollte man tatsächlich mal eine Ladung abbekommen haben, wird man unter Umständen die Erfahrung mit intensivem Juckreiz und Augenbrennen machen. Mit der Zeit können sich so recht unangenehme Allergien entwickeln.

Name und Systematik

Mygale blondii, so nannte LATREILLE im Jahre 1804 die in diesem Buch behandelte Art zu Ehren von Dr. LEBLOND. Die Systematik, von CARL VON LINNÉ in seinem Werk „Systema naturae" 1735 eingeführt, steckte zu der Zeit noch in den Kinderschuhen. Deshalb war es nicht weiter verwunderlich, dass ein regelrechtes Chaos bei der Namensgebung herrschte. So war die Gattung *Mygale* bereits vergeben, weswegen mit einiger Verzögerung 1870 von THORELL die Gattung *Theraphosa* aufgestellt wurde, in welcher seitdem auch *T. blondi* zu finden ist. Bis vor wenigen Jahren war *Theraphosa* eine monotypische Gattung, das heißt, dass innerhalb dieser Gattung nur eine einzige Art – nämlich *Theraphosa blondi* – zu finden war.

Anfang der neunziger Jahre des letzten Jahrhunderts tauchte bei einem Händler aus England eine weitere riesige Vogelspinnenart auf. Die Tiere wurden aus Venezuela importiert und als *Pamphobeteus exsul* – eine zu der Zeit gültige Art – angeboten. Unter dieser Bezeichnung fand diese Spinne zunächst auch ihren

Abb. 9. Weibchen von *Theraphosa blondi*. Foto: Uwe Dost

Weg in die Terrarien der Vogelspinnenliebhaber.

Tinter stellte 1991 fest, dass diese Art aufgrund vorhandener Stridulationsorgane keinesfalls zu *Pamphobeteus* gezählt werden konnte, sondern dass es sich hierbei um eine neue, *Theraphosa blondi* sehr nahe stehende Art handelte und beschrieb diese Art als *Pseudotheraphosa apophysis*.

Im Jahr 2000 stellte Bertani die von Tinter 1991 beschriebene *Pseudotheraphosa apophysis*, die sich im männlichen Geschlecht durch das Vorhandensein von Tibiaapophysen (Abb. 16) von *T. blondi* unterscheidet, zu *Theraphosa*, so dass seitdem die Gattung aus zwei Arten besteht, nämlich *T. blondi* und *T. apophysis*.

Ein weiteres Erkennungsmerkmal bei den männlichen *T. apophysis* ist eine pinkfarbene Färbung auf Carapax und Femur der Beine, ähnlich wie bei verschiedenen *Pamphobeteus*-Arten.

Im weiblichen Geschlecht lassen sich die beiden Arten kaum unterscheiden. Lediglich die wesentlich schlankeren Femuren an allen vier Beinpaaren bei *T. apophysis* im Vergleich zu *T. blondi* ist ein Unterscheidungsmerkmal.

Bei Jungtieren von *T. apophysis* sind die Tarsen und Metatarsen im Gegensatz zu *T. blondi* hell gefärbt (Abb. 10 bis 12).

Abb. 10. *Theraphosa apophysis* im Nymphenstadium. Deutlich zu erkennen sind die hell gefärbten Tarsen und Metatarsen. Ein eindeutiges Unterscheidungsmerkmal von Nymphen der beiden *Theraphosa* Arten.
Foto: Christian Vollheit

Als Halter sollte man sich möglichst die wissenschaftliche Artbezeichnung einprägen. Die Verwendung von Trivialnamen, wie zum Beispiel „Riesenvogelspinne“, sollte vermieden werden, da diese Bezeichnungen in der Regel auf eine Vielzahl von Vogelspinnen zutreffen können.

Dass der Titel dieses Buches diesen Oberbegriff verwendet, sei verziehen. Damit soll lediglich hinreichend auf die Vorstellung der Riesen unter den Vogelspinnen hingewiesen werden.

Abb. 11. Als Jungtier schimmert *Theraphosa blondi* stahlblau. Foto: Frank Schneider

Abb. 12. Jungtier von *Theraphosa apophysis* mit weißer Zeichnung an Tarsus und Metatarsus. Foto: Marcus Willig

Kurzbeschreibung der Arten

Theraphosa apophysis

- Nach der Häutung dunkelbraun bis schwarz gefärbt. Nach einigen Monaten werden die Tiere immer heller, bis sie kurz vor der nächsten Häutung eine hellbraune Färbung haben (Abb. 15).
- Femur des vierten Beinpaars relativ schlank gebaut (Abb. 13).
- Tibiaapophysen (Abb. 16) an Beinpaar I beim Männchen vorhanden (nach der Reifehäutung).
- Adulte Männchen haben an den Femora und auf dem Carapax einen pinkfarbenen Schimmer, welcher mit zunehmendem Alter verblasst. Jungtiere haben helle Tarsen. Zum Teil sind auch die Metatarsen weiß.

Theraphosa blondi

- Färbung der adulten Weibchen ähnlich wie *T. apophysis*, jedoch sind die Tiere mehrere Wochen vor einer Häutung deutlich heller gefärbt; teilweise rostrot.
- Femur des vierten Beinpaars ist verdicktt (Abb. 14).
- Keine Tibiaapophysen (Schienbeinhaken) beim Männchen.
- Adulte Männchen ähnlich gefärbt wie die weiblichen Tiere. Jungspinnen sind am gesamten Körper und and den Extremitäten stahlblau

Abb. 13. Die Femora (Bein IV) von *T. apophysis* sind recht schlank. Foto: Bastian Rast

Abb. 14. Die Femora (Bein IV) von *T. blondi* sind etwas verdickt. Foto: Bastian Rast

Abb. 15. Längere Zeit nach einer Häutung ist *T. blondi* rostrot gefärbt. Foto: Marcus Willig

Abb. 16. Tibiaapophyse bei einer männlichen *Xenesthis immanis*. Foto: Hans-Werner Auer

Morphologie

Bei solchen Riesen wie *Theraphosa*, mit einer Körperlänge von rund 10 cm und einem Gewicht von über 100 g, lohnt sich ein kurzer Blick auf die Anatomie. Wie alle Vogelspinnen besitzen auch die *Theraphosa*-Arten im Unterschied zu den sogenannten „Echten“ Spinnen senkrecht zur Körperlängsachse nach unten schlagende Chelizeren, welche bis zu 2 cm lang werden können (Abb. 17). Ebenfalls typisch für Vogelspinnen sind die beinartigen Taster, die als Geh- und Fresshilfe fungieren.

Theraphosa gehört zur Unterfamilie der *Theraphosinae*, zu der ausschließlich amerikanische Arten zählen. Charakteristisch für diese Unterfamilie ist das Vorhandensein von Reizhaaren.

Beide Arten der Gattung besitzen Stridulationsborsten an Coxa I und II, sowie Fiederhaarborsten an Femora, Trochanter und Coxa der Taster und der beiden vorderen Beinpaare (Abb. 18).

Theraphosa apophysis besitzt im männlichen Geschlecht am ersten Beinpaar Tibia-Apophysen – kleine Häkchen, die beim Paarungsakt an den Chelizeren der Weibchen eingehakt werden, um diese auf Abstand zu halten und das Weibchen hochstemmen zu können. Bei *Theraphosa blondi*, bei der diese Haken fehlen,

Abb. 17. Chelizeren von *Theraphosa blondi*.
Foto: Uwe Dost

Abb. 18. Stridulationsorgan an Bein I von *T. blondi*.
Foto: Bastian Rast

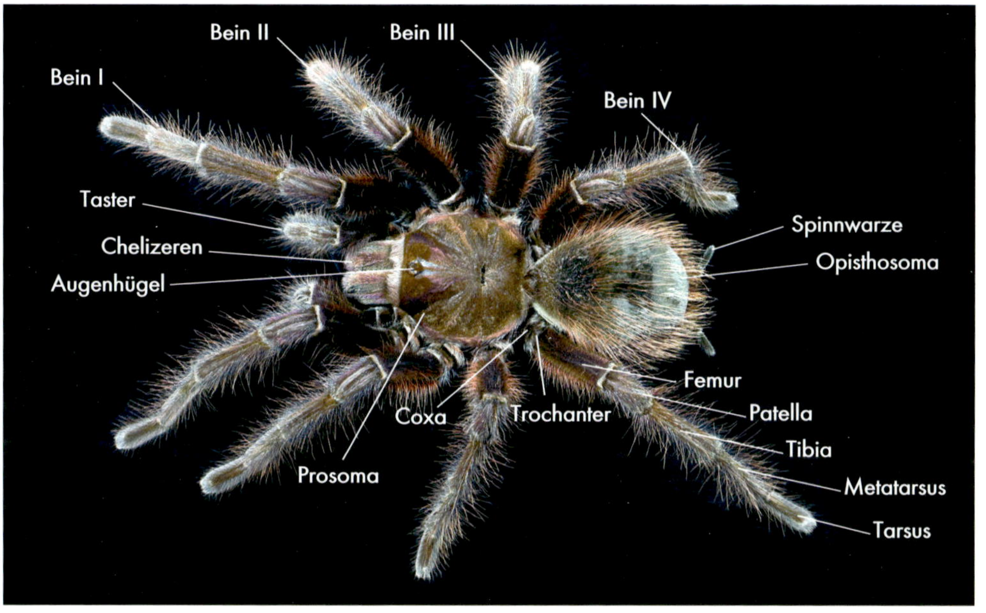

Abb. 19. Adultes Männchen von *Theraphosa apophysis*. Foto: Bastian Rast

Abb. 20. Adultes Weibchen von *Theraphosa apophysis*. Foto: Bastian Rast

Abb. 21. Adultes Weibchen von *Theraphosa apophysis*. Foto: Bastian Rast

Abb. 22. Frisch gehäutete *Theraphosa blondi*. Foto: Uwe Dost

wird das erste Beinpaar zwischen die Chelizeren des Weibchens geschoben und dieses somit hochgestemmt.

Im Prosoma (vorderer Körper der Spinne) findet sich das zentrale Nervensystem inklusive dem "Gehirn" (Ober- und Unterschlundganglion) sowie die Muskulatur für die Gliedmaßen.

Im Opisthosoma (Hinterleib) findet man Herz-Kreislaufsystem, Atmungssystem, Verdauungssystem und die Geschlechtsorgane. Im Falle von *Theraphosa* kann das Opisthosoma bei gutem Ernährungszustand oder bei Eier tragenden Weibchen durchaus Tennisballgröße erreichen.

Die Beine von Vogelspinnen bestehen aus sieben Gliedern. Direkt am Prosoma ist das erste Beinglied – die so genannte Coxa. Es folgen Trochanter und Femur. Nach dem Kniegelenk (Patella) folgen Tibia, Metatarsus und Tarsus. Am Tarsus sitzen auch die Haarpolster (Scopula – auch am Metatarsus) und zwei Krallen die jeweils die Funktion einer Kletterhilfe haben.

Die beiden Taster, die zwischen den Chelizeren und dem ersten Beinpaar liegen, haben eine beinähnliche Struktur mit identischen Gliedern. Lediglich der Metatarsus fehlt bei den Tastern. Bei männlichen Vogelspinnen bildet sich mit der sogenannten Reifehäutung der Tarsus zum Kopulationsorgan um, welches aus Bulbus und Embolus (Abb. 23 besteht. Letzterer kommt bei der Paarung aktiv zum Einsatz, indem er in die Geschlechtsöffnung der adulten weiblichen Vogelspinnen eingeführt und dabei das Sperma abgibt.

Zur Aufnahme des Spermas bei den Weibchen dienen die Spermatheken. Diese sind sowohl bei *T. apophysis* wie auch bei *T. blondi* ungeteilt (Schmidt, 2003) (Abb. 24 und 102).

Es folgen die vorderen und hinteren Spinnwarzen. Im Fall von *Theraphosa* kommen diese nur selten zum Einsatz; primär zum Verschließen der Wohnhöhle, zum Anfertigen eines Häutungsteppichs und natürlich für den Kokonbau. Gelegentlich werden auch erlegte Futtertiere mit einer dünnen Schicht aus Spinnseide überzogen.

Abb. 23. Bulbus eines adulten Männchens von *T. blondi*. Foto: Frank Schneider

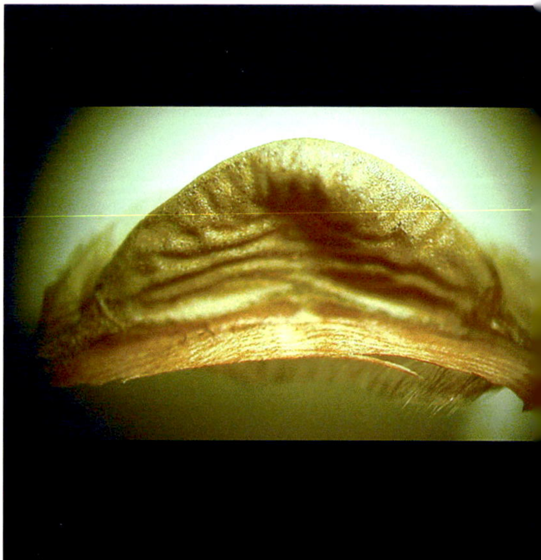

Abb. 24. Spermathek von *T. blondi*. Foto: Frank Schneider

Verbreitung und Lebensweise

Das nördliche Brasilien, Guyana, Französisch Guyana, Surinam und kleine Gebiete im Südosten von Venezuela sind das Verbreitungsgebiet von *Theraphosa blondi*. *Theraphosa apophysis* hingegen wurde bislang nur im Süden von Venezuela und in räumlich begrenzten Verbreitungsgebieten von Brasilien gefunden (Abb. 25). Angebliche Funde von *T. blondi* auf Karibikinseln sind wohl Verwechslungen zuzuschreiben.

Während *T. apophysis* überwiegend in lichten Regenwäldern mit niedriger und trockener Vegetation gefunden wurde, liegt das Ursprungsgebiet von *T. blondi* eher in dichten Regenwäldern zumeist auf hügeligem Gebiet (Abb. 26 und 27).

Beide Arten bewohnen selbst gegrabene oder vorhandene und erweiterte Wohnröhren und zwar vorzugsweise solche mit einem waagerechten oder schräg nach

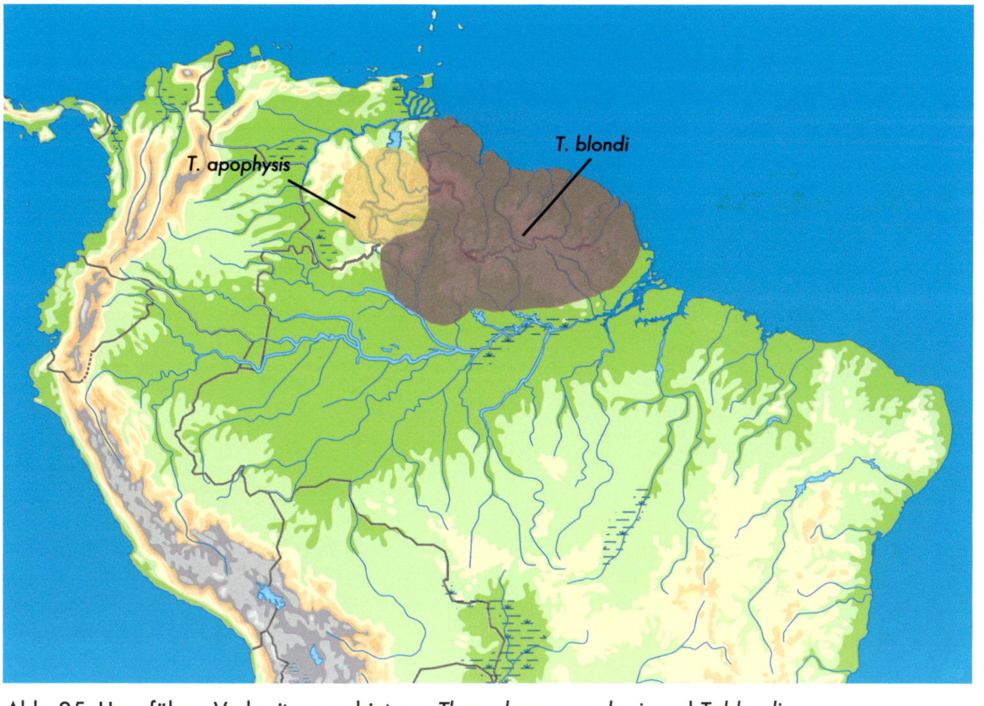

Abb. 25. Ungefähres Verbreitungsgebiet von *Theraphosa apophysis* und *T. blondi*.

Abb. 26. Biotop von *Theraphosa blondi* in Guyana. Foto: Damon Corrie

Abb. 27. Lebensraum von *T. blondi* im Südwesten Guyanas. Foto: Hans-Werner Auer

unten verlaufenden Gang; bei *T. blondi* am ehesten in Hanglage.

Der Höhleneingang ist unregelmäßig – also nicht rund – geformt und meistens mit einer dünnen Schicht Spinnseide verschlossen. Zusätzlich wird bei einer bevorstehenden Häutung oder der Brutpflege der Eingang mit kleinen Zweigen oder Laub getarnt und somit noch besser geschützt. Oft liegt der Eingang in der unmittelbaren Nähe von kleineren Felsen oder im Wurzelgeflecht von Bäumen und ist durch Falllaub und andere organische Abfälle gut getarnt. Der Höhleneingang selbst ist frei von Unrat und zudem mit einer dünnen Schicht Spinnseide ausgelegt, um vorbeilaufende Futtertiere schneller orten zu können.

Theraphosa apophysis stammt aus primären Regenwaldgebieten im südlichen Venezuela. Diese Art zieht es vor, sich an lichteren Stellen des Waldgebietes anzusiedeln, wo sie bis zu 150 cm tiefe Höhlen bewohnt (RECHSTEINER – schriftliche Mitteilung).

Wie SCHULTZ & SCHULTZ 1998 berichteten, gelten große *Theraphosa* (aufgrund der Geografie handelt es sich dabei höchstwahrscheinlich um *T. apophysis*) bei den Piaroa Indianern im Süden Venezuelas als Leckerbissen, welche in einem Blatt eingerollt und in der heißen Glut einer Feuerstelle geröstet und anschließend verspeist werden.

Fangdaten zu *Theraphosa blondi* liegen vor allem aus Französisch Guyana vor. In den 1980er Jahren wurden überwiegend Tiere aus Saul (Zentral Französisch Guyana) und von den Kaw Mountains importiert.

In Guyana sind diese Tiere vor allem im hügeligen Westteil des Landes, nahe der Grenze zu Venezuela gefunden worden. Man findet diese Art recht häufig in unmittelbarer Nähe von Flussläufen, wo sie oft Löcher in Ufernähe bewohnt (Abb. 26 und 28) Teilweise sind die Wohnhöhlen der einzelnen Individuen nur wenige Zentimeter voneinander entfernt, so dass man von einer Lebensweise in Kolonien sprechen kann.

Abb. 28. Höhleneingang eines *T. blondi*-Unterschlupfs. Foto: Hans-Werner Auer

Abb. 29. Im Südwesten von Guyana: Auf dem Weg zum Gebiet von *T. blondi* durch Savannengebiete.
Abb. 30 (Insert oben). Regenwaldgebiete säumen den Weg.
Abb. 31 (Insert oben). Auch Flüsse gilt es zu durchqueren.
Fotos: Hans-Werner Auer

Der Weg zu den Habitaten von *Theraphosa blondi* in Guyana ist mit etlichen Hindernissen gepflastert. Georgetown, die Hauptstadt Guyanas ist der Ausgangspunkt der Reise. Wenn man nach 22-stündiger Fahrt in engen kleinen Bussen die Zivilisation endgültig hinter sich gelassen hat (Abb. 29), beginnen die eigentlichen Anstrengungen in Form eines Fußmarsches über 40 km. Dabei gilt es Savannen zu durchqueren, die keinerlei Schatten in der glühenden Sonne spenden. Überschwemmte sumpfartige Gebiete bieten zwar eine gewisse Abkühlung, machen aber den weiteren Weg aufgrund feuchter Schuhe noch beschwerlicher. Steigungen von teilweise 45° müssen ebenso bewältigt werden wie vereinzelte Regenwaldgebiete (Abb. 30) und eine Vielzahl von Flüssen und Bächen (Abb. 31), bei denen ein falscher Schritt den Verlust der Ausrüstung bedeuten kann.

Man kann das Ziel schon aus einigen Kilometern Entfernung ausmachen (Abb. 32 und 33), hat dann aber noch ein gutes Stück Weg vor sich. Belohnt wird man am Ende des 9-stündigen Weges von einer fantastischen Landschaft (Abb. 34).

Kurz vor dem Ziel ändert sich die zuvor niedrige Vegetation fast augenblicklich und macht Platz für ursprünglichen, dicht

Abb. 32. Bereits aus einigen Kilometern Entfernung kann man den Reiz der Landschaft in Guyana ausmachen. Foto: Hans-Werner Auer

Abb. 33. Von den Hügeln in Guyana ergibt sich ein phantastischer Ausblick. Foto: Hans-Werner Auer

Abb. 34. Frühmorgens im Gebiet der Riesenvogelspinnen in Guyana. Foto: Hans-Werner Auer

bewachsenen Regenwald (Abb. 35). Auch die klimatischen Bedingungen ändern sich zunehmend mit dem weiteren Vordringen in den Urwald. Aufgrund der nun spürbar höheren Luftfeuchtigkeit, ist das Vorankommen ein recht mühevolles Unterfangen. Nach diesen Anstrengungen ist selbst ein noch so einfaches Camp inmitten des Regenwalds Guyanas eine willkommene Gelegenheit, um sich auszuruhen.

Am Fuße der Hügel der „Cock of the Rock Mountains", einem dicht bewaldeten Regenwaldgebiet im Südwesten Guyanas, findet man die Riesenvogelspinnen in selbst gegrabenen, schräg nach unten laufenden Wohnhöhlen, die bis zu 150 cm in den Erdboden hineinreichen (Abb. 36). Diese Höhlen befinden sich niemals auf ebener Erde. Dadurch ist die Behausung bei Regenfällen vor Überflutung geschützt ist.

Bei nächtlichen Exkursionen sind die Eingänge der Bauten kaum auszumachen oder nur durch Zufall zu entdecken (Abb. 37).

Abb. 35. Dichte Vegetation im Regenwald von Guyana.
Abb. 36 (Insert links). Wohnhöhle einer *T. blondi* bei den "Cock of the Rock Mountains".
Abb. 37. Nachts sind die Bauten von *T. blondi* nur sehr schwer auszumachen.
Fotos: Hans-Werner Auer

Neben *Theraphosa blondi* findet man in diesem Gebiet ohne größere Anstrengung eine Vielzahl anderer Tiere. Neben Wirbellosen wie Tausendfüssern (Abb. 38), anderen Spinnen (Abb. 39) und Skorpionen (Abb. 40) konnten wir auch Pfeilgiftfrösche ausmachen (Abb. 43). Diese Amphibien bewohnten die unmittelbare Umgebung von *T. blondi*- Bauten an steilen Abhängen in der Nähe von Flüssen oder Bachläufen.

In der brasilianischen Provinz Pará wurde *T. blondi* im gleichen Gebiet wie *Nhandu vulpinus* gefunden. Beide Arten bewohnen hier unter anderem Gummibaumplantagen im Flachland .

Während *N. vulpinus* überwiegend in unmittelbarer Nähe von Termitenbauten ihre Behausung spinnt, bewohnt *T. blondi* senkrechte Höhlen im Boden (Baumgarten – persönliche Mitteilung).

Abb. 38 (oben). Tausendfüsser - gefunden im Gebiet von *T. blondi*.
Abb. 39 (Mitte). *Nephila* sp. mit Parasit. Foto: Hans-Werner Auer
Abb. 40 (unten). *Tityus* spec. - dieses Tier wurde in etwa 1 Meter Höhe an einem Baum gefunden.

Fotos: Hans-Werner Auer

Abb. 41. Der Autor beim Auffinden und Ausgraben einer Vogelspinne. Foto: Williams Paredes

Abb. 42 und 43. Urwaldriese im primären Regenwald von Guyana. Insert: Dieser Pfeilgiftfrosch wurde ein unmittelbarer Nähe von Bauten von *T. blondi* gefunden. Fotos: Hans-Werner Auer

Abb. 44 (links oben). Iwokrama Forest in Zentral-Guyana.
Abb. 45 (links unten). Kilometerweite Steppengebiete unterbrechen das ansonsten waldreiche Gebiet.
Abb. 46 (rechts oben). Das Dorf Taushida der Makushi-Indianer ist der Ausgangspunkt für Reisen in das Gebiet von *Theraphosa blondi*.
Abb. 47 (rechts Mitte). Hügel prägen das Erscheinungsbild auf dem Weg zu den Habitaten von *T. blondi*.
Abb. 48 (rechts unten). Regenwaldgebiet im Südwesten von Guyana.

Fotos: Hans-Werner Auer

Abb. 49. Gewässer sind die Lebensader des Regenwaldes in Guyana. Foto: Hans-Werner Auer

Abb. 50. Spärliche und niedrige Vegetation im Norden Guyanas. Foto: Hans-Werner Auer

Die Wohnhöhle einer *Theraphosa* ausfindig zu machen, gestaltet sich mitunter als schwieriges Unterfangen. Der Höhleneingang ist meistens sehr gut getarnt und verschmilzt geradezu mit der unmittelbaren Umgebung. Ein zufällig vorbeikommender Wanderer wird an etlichen Vogelspinnenbauten vorbeigehen, ohne sich der Gegenwart von Vogelspinnen bewusst zu sein. Nur das geübte Auge erkennt anhand von Form der Höhle und der Beschaffenheit der näheren Umgebung, ob sich eine Vogelspinne in dieser Höhle befindet. Einige Indios erkennen an diesen Merkmalen sogar die im Bau aufhaltende Vogelspinnenart, wovon sich der Autor selbst überzeugen konnte. Der beste Zeitpunkt zum Aufspüren von *Theraphosa* ist in den Abendstunden. Sofern man eine entsprechende Behausung ausfindig gemacht hat, sieht man die Tiere häufig am Eingang auf Beute lauernd sitzen.

Theraphosa blondi wurde zeitweise recht häufig importiert. Aufgrund von einge-

Abb. 51. Gerne geben die Einheimischen Auskunft über das Vorkommen der Vogelspinnen.
Foto: Hans-Werner Auer

Abb. 52. Kurz vor dem Ziel: Das Biotop von *Theraphosa blondi* an den „Cock of the Rock Mountains". Foto: Hans-Werner Auer

schränkten Exportgenehmigungen seitens der Französischen Regierung ist dieser Handel stark zurückgegangen.

Auch aus den anderen Herkunftsländern sind kaum offizielle Exporte verzeichnet, so dass die momentane Nachfrage überwiegend durch Nachzuchten gedeckt werden muss.

Grundsätzlich sind Vogelspinnen nachaktiv, aber selbst nachts wird man eine Vogelspinne nur sehr selten außerhalb ihres Baus finden. Vogelspinnen sind reine Lauerjäger und warten in ihrer Höhle auf zufällig vorbeikommende Beutetiere.

Außerhalb ihrer Behausung könnten sie relativ leicht diversen Fressfeinden zum Opfer fallen. Zwar können Vogelspinnen auf der Flucht zum Teil enorme Geschwindigkeiten erreichen, sind dazu aber nur über eine kurze Distanz fähig, wenn sie nicht Gefahr laufen wollen, dass es aufgrund der Überbelastung zu einem Kreislaufzusammenbruch kommt.

Sollte man in der natürlichen Umgebung trotzdem einmal eine Vogelspinne außerhalb ihrer Wohnhöhle vorfinden, so ist das in der Regel ein adultes Männchen auf der Suche nach dem Bau eines geschlechtsreifen Weibchens, oder aber eine Jungspinne, die die Bruthöhle des Weibchens verlassen hat, um ihren eigenen Unterschlupf zu finden. Adulte Weibchen verlassen ihre einmal bezogene Wohnhöhle nur in Extremsituationen wie Zerstörung des Unterschlupfs oder bei mangelndem Futterangebot.

Auch die Riesenvogelspinnen sind in ihren natürlichen Verbreitungsgebieten nicht gegen Gefahren gefeit. Neben der Bedrohung durch den Menschen, sei es durch Fang zwecks Export, als Nahrung, oder durch Biotopzerstörung, müssen sich bereits eben geschlüpfte Jungspinnen gegen ihre Geschwister verteidigen.

Einmal aus der mütterlichen Obhut entlassen, warten weitere Gefahren. Andere Spinnen, Skorpione und Skolopender werden eine junge *Theraphosa* dankend annehmen. Auch Amphibien, Echsen und eine Vielzahl kleinerer Säugetiere und Vögel gehören zu den Fressfeinden. Selbst adulte Riesenvogelspinnen sind in ihrem Bau nur scheinbar sicher. Gegen Raubameisen haben Vogelspinnen kaum eine Chance. Ein weiterer Feind, der Nasenbär, gräbt gezielt Vogelspinnen aus und erlegt diese dann mit seinen scharfen Krallen, bevor er sie verspeist.

Abb. 53. Ein natürlicher Feind der Vogelspinnen: der Nasenbär. Foto: Heinz Schuh

Gefahren für den Menschen

Beide Arten der Gattung *Theraphosa* besitzen, wie alle Vogelspinnen und fast alle Spinnentiere, eine gewisse Giftigkeit, allerdings gehören Berichte von tödlichen Riesenvogelspinnen in das Reich der Fabeln oder bestenfalls noch in das Repertoire der einschlägigen Boulevardpresse.

Für den Beutefang ist *Theraphosa* nicht auf die Wirkung des Giftes angewiesen. Insekten und selbst kleinere Wirbeltiere werden in der Regel ausschließlich durch die überaus starke mechanische Wirkung der Chelizerenklauen abgetötet. Eine zusätzliche Giftabgabe ist nur in Ausnahmefällen bei sehr wehrhaften Beutetieren notwendig.

Die Wirkung des Bisses einer *Theraphosa* für den Menschen ist zu vergleichen mit dem Stich von einer oder zwei Wespen oder Bienen. Für einen gesunden Menschen zeigt solch ein Biss also kaum Wirkung.

Abb. 54. *Theraphosa blondi* in Verteidigungsstellung. Foto: Stephan Prein

Natürlich sind die Symptome auch von der abgegebenen Giftmenge abhängig, so können der Schmerz und eine Schwellung der Bissstelle von einigen Stunden bis zu mehreren Tagen anhalten.

Man sollte sich allerdings davor hüten, diese Giftwirkung auf alle Vogelspinnenarten umzusetzen. Es gibt einige Arten, deren Giftwirkung man keinesfalls unterschätzen sollte.

Es existieren Berichte von Bissunfällen mit *Poecilotheria* spp., deren Symptome noch Wochen, ja sogar Jahre später spürbar waren. JÄNSCH (persönliche Mittei-

Abb. 55. Chelizerenklaue einer adulten *Theraphosa*. Foto: Hans-Werner Auer

Abb. 56. Bei Störung nimmt *Theraphosa* ihre Drohhaltung ein. Foto: Marcus Willig

lung) berichtet, dass noch Jahre nach einem Biss einer *Poecilotheria* spec. in die Hand krampfartige Zustände in den Zehen auftreten, deren Ursache dieser Biss sein soll.

Selbst wenn man eine Insektengiftallergie des gebissenen Menschen annimmt, muss man nicht unbedingt in Panik geraten, da sich die Zusammensetzung des Giftes einer Vogelspinne von der eines Insekts grundlegend unterscheidet.

Die größte Gefahr eines Bisses von *Theraphosa* stellt schließlich das Eindringen von an den Chelizerenklauen haftenden Bakterien in den Blutkreislauf dar, welches unter Umständen zu einer Infektion führen kann (Abb. 55).

Eine Vogelspinne beißt nur selten ohne vorherige Warnung zu. Bei *Theraphosa* zeigt sich dieses durch ein deutlich vernehmbares Stridulieren, das Aufrichten der Taster und der ersten beiden Beinpaare, sowie durch das Spreizen der Chelizeren (Abb. 56). In diesem Fall sollte man das Tier nicht weiter belästigen.

Weitere unangenehme Folgen treten bei Kontakt mit den Reizhaaren einer *Theraphosa* auf. Neben der Abwehr von Feinden durch Beißen ist das Abstreifen dieser Härchen eine weitere wirksame Verteidigungsmöglichkeit vieler neuweltlicher Vogelspinnen, so auch von *Theraphosa*.

Dabei streift die Spinne die lose auf der Oberseite des Opisthosoma befindlichen Reiz- oder Brennhaare mit dem letzten Beinpaar ab und schleudert diese dem Angreifer entgegen. Das geht bei permanenter Belästigung soweit, dass sich mit der Zeit eine deutlich sichtbare „Glatze“ auf dem hinteren Teil des Opisthosoma bildet (Abb. 57).

Sollten sich am Opisthosoma, wie Abb. 57 zeigt, zwei kahle Stellen gebildet haben, so handelt es sich um ein Tier, dessen Hinterleib beim Abstreifen der Reizhaare extrem gut genährt, oder aber hochträchtig war, so dass die Spinne mit den Hinterbeinen die Stelle oberhalb der Spinnwarzen nicht erreichen konnte.

Abb. 57. Sobald sich die kahle Stelle am Opisthosoma dunkel färbt, kann man sich auf eine bevorstehende Häutung einstellen.
Foto: Frank Schneider

Die Reizhaare vom Typ III (nach SCHMIDT existieren vier verschiedene Reizhaartypen) zeigen bei Haut- oder Augenkontakt eine sehr unangenehme Wirkung. Bei länger andauerndem Kontakt mit diesen Reizhaaren kann sich unter Umständen auch eine Allergie mit Ausschlag und Juckreiz entwickeln, die eine medizinische Behandlung erforderlich macht. Die Augen sollten besonders geschützt werden, da diese sich bei Kontakt mit Reizhaaren entzünden könnten. Auch die Nasenschleimhäute können betroffen sein. Im Extremfall kann es hier zu plötzlichem Nasenbluten kommen.

Selbst bei nicht oder selten aktiv bombardierenden Arten wie Tieren aus der Gattung *Avicularia* kann es zu oben genannten Auswirkungen kommen. Denn es ist nicht einmal ein direkter Kontakt mit dem Tier notwendig: Selbst auf der mit einer Häutung abgestreiften Exuvie sind die Reizhaare immer noch wirksam.

Abb. 58. Handling einer *Theraphosa blondi*. Foto: Uwe Dost

Anschaffung

War es vor einigen Jahren noch überaus schwierig, sich die gewünschte Vogelspinne zu beschaffen, so gibt es mittlerweile ausreichende Möglichkeiten zum Erwerb einer *Theraphosa*.

Grundsätzlich sollte man sich vorher gründlich über die Haltung von Vogelspinnen im Allgemeinen informieren. Nicht immer hat man die Gelegenheit, vom Verkäufer – sei es aufgrund fehlender Sachkenntnis oder aus Zeitmangel – die gewünschten Informationen zu erhalten. Auch sollte man sich vorher sicher sein, ob man ein Nachzuchttier wünscht oder ein Wildfangtier kaufen möchte.

Auch wenn man sich die Spinne ohne Zuchtabsichten anschaffen möchte, so sollte man wegen der höheren Lebenserwartung doch sichergehen, dass man ein weibliches Tier erwirbt. Ein gewissenhafter Verkäufer wird – sofern dies zweifelsfrei möglich ist – dem Käufer sicherlich das passende Geschlecht anbieten.

Der Anreiz, einer Vogelspinne beim Wachstum zusehen zu können, ist bei den *Theraphosa* Arten besonders hoch, da diese bereits als frisch geschlüpfte Jungtiere eine beachtliche Größe haben. Ein Argument für den Kauf einer Jungspinne ist der – im Verhältnis zu großen Exemplaren – relativ günstige Preis. Ein Nachteil ist allerdings, dass die Geschlechter so gut wie unmöglich bestimmt werden können. Außerdem ist mit einer gewissen Sterblichkeitsrate bei der Aufzucht zu rechnen.

Nachfolgend sind hier einige Anlaufstellen zum Kauf von Vogelspinnen genannt.

Zoofachhandel

Der Vorteil beim Kauf im Zoofachhandel ist sicherlich, dass man gewöhnlich alles was man benötigt aus einer Hand erhalten kann. Man muss sich aber auch im Klaren sein, dass man hier wesentlich höhere Preise bezahlen muss als anderswo. Schließlich finanziert man die laufenden Kosten mit so einem Kauf mit. Zudem ist das Verkaufspersonal nur selten direkt auf den Verkauf von Spinnentieren geschult, so dass die erforderliche Fachkenntnis nur selten vorhanden ist.

Geeigneter wären Händler die sich auf den Verkauf von Reptilien oder sogar Spinnentieren spezialisiert haben. In solchen Läden findet man in der Regel auch sinnvolleres Zubehör als in dem Zoohandel, der auch den „gewöhnlichen“ Heimtierhalter als Kunden anspricht.

Verkaufsbörsen

Hat man sich vorher gründlich informiert und auch schon die Wunschtierart ausgesucht, empfiehlt sich der Besuch einer der vielen Reptilienbörsen, die es in jeder größeren Stadt gibt. Man muss dann allerdings Abstriche bei der Beratung in Kauf nehmen. Gewöhnlich haben die Verkäufer aufgrund der Vielzahl der Interessenten nur wenig Zeit, den Käufer gezielt zu informieren. Spezielle Fragen werden aber überwiegend fachkundig beantwortet.

Der größte Vorteil aber sind die immense Auswahl und der meist verhältnismäßig günstige Preis, zu dem man sein Wunschspinne erwerben kann. Auf jeden Fall sollte man für einen Besuch einer dieser Börsen ausreichend Zeit einplanen. Nicht immer findet man auf Anhieb die gewünschte Vogelspinne.

Die Termine der Börsen werden in diversen Fachzeitschriften veröffentlicht. Die wichtigsten Börsen sind die Terraristika in Hamm und die zweimal jährlich stattfindende Vogelspinnenbörse in Stuttgart-Kornwestheim.

Internet

Das Medium Internet hat sich zu einer der größten Verkaufsplattformen für lebende Tiere, so auch Vogelspinnen, entwickelt. Hier findet man fast alles was das Herz begehrt. Auch kann man durch gezielte Fragen an den Anbieter etwas

Abb. 59. Umsetzen einer *Theraphosa blondi*. Foto: Uwe Dost

Abb. 60. *Theraphosa blondi*. Foto: Uwe Dost

Abb. 61. Adultes Männchen einer *Theraphosa blondi*. Foto: Uwe Dost

entspannter an den geplanten Kauf herantreten. Vorsicht: Auch hier gibt es gelegentlich Betrüger, die nach Bezahlung gar nichts oder nicht das gewünschte und bestellte Tier liefern.

Grundsätzlich werden solche Geschäfte über den Versandhandel abgewickelt. Die Verpackungs- und Versandmodalitäten sollten mit dem Verkäufer vorab genauestens besprochen werden. Sehr wichtig ist eine gut gepolsterte Verpackung. Am besten polstert man die Dose (es eignen sich kleinere Haushaltsdosen), in der die Spinne verschickt werden soll, so dicht mit Haushaltspapier oder Watte aus, dass sie sich kaum noch bewegen kann. Bei einem Aufprall wird so das Herumschleudern innerhalb der Dose vermieden.

Auf einen Transport in einer ungepolsterten Dose sollte man verzichten. Wenn der Behälter im Vergleich zu der Körpergröße der Spinne dann noch überdimensioniert ist, dürfte es bei einem Aufprall, gerade bei großen und schweren Weibchen von *Theraphosa*, unter Umständen zu ernsthaften Verletzungen kommen.

Auch wenn man sicherstellt, dass die Vogelspinne für den Versand optimal verpackt wurde, liegt es doch zum großen Teil an dem Kurierdienst, welcher die Spinne befördert, ob das Tier in gutem Zustand ankommt. Eine noch so gut verpackte Vogelspinne kann einen längeren Aufenthalt in der Sommersonne kaum verkraften. Auf einen Versand im Hochsommer sollte deshalb möglichst verzichtet werden, da bei entsprechenden Temperaturen eine Spinne sehr schnell den Hitzetod erleidet. Im Winter sollte man komplett auf den Versand verzichten. Lässt es sich nicht vermeiden (z. B. um an ein Männchen zur Zucht zu kommen), so sollte man auf jeden Fall ein Heat Pack (Wärmekissen, welches bis zu 24 Stunden Wärme abstrahlt) verwenden und die schnellstmögliche Versandart wählen.

Die beste Lösung ist es, das Tier persönlich abzuholen, denn dann kann man nicht nur sicherstellen, dass die Spinne wohlbehalten im eigenen Terrarium ankommt, sondern man kann auch noch überprüfen, ob das angebotene Tier tatsächlich der Beschreibung des Anbieters entspricht.

Privater Züchter

Wenn man die Möglichkeit hat, einen privaten Züchter zu besuchen, hat man nicht nur fachliche Beratung, sondern man kann das gewünschte Tier auch noch in aller Ruhe betrachten. Ein ernsthafter Züchter wird sich im eigenen Interesse der Fragen des Käufers annehmen und diese möglichst exakt und ausführlich beantworten.

Durch den gewaltigen Anstieg der Interessentenzahlen hat sich mit der Zeit auch ein entsprechendes Angebot an Züchtern entwickelt, die größtenteils eine Hobbyzucht mit gelegentlichen Nachzuchten betreiben, aber immer öfter auch eine professionelle gewerbliche Zucht. Auf jeden Fall sollte man beim Besuch solcher Zuchträume nicht mit eigenen Maßstäben messen. Oft wird man die Vogelspinnen in scheinbar recht beengten Behältnissen vorfinden. Als reiner Halter hat man aufgrund der zumeist überschaubaren Bestände auch ganz andere räumliche und zeitliche Möglichkeiten, seine Tiere zu versorgen.

Nachzucht oder Wildfang?

Diese Entscheidung muss jeder Interessent mit sich selbst ausmachen. Sicherlich sind Nachzuchttiere einer Wildfangspinne vorzuziehen. Wer allerdings eine Zucht im Auge hat, wird nicht immer warten wollen bis Jungspinnen in das paarungsfähige Alter herangewachsen sind. Auch bei relativ neuen Vogelspinnenhaltern ist unter Umständen der Wunsch nach einer *Theraphosa* vorhanden.

Wegen der Problematik bei der Aufzucht wird dann oftmals auf große Tiere zurückgegriffen, denn Nachzuchttiere sind aufgrund der Häufigkeit der Häutungen anfälliger als größere Exemplare.

Sollte man sich für ein großes Wildfangweibchen entscheiden, muss man sich allerdings nicht minder um das Tier kümmern. Dass solche Importtiere öfters von Parasiten befallen sind als eingewöhnte Vogelspinnen kann man so nicht bestätigen. Tatsächlich verenden nur wenige Tiere, wenn diese einigermaßen vernünftig und mit entsprechender Feuchtigkeitszugabe gehalten werden und nicht bereits wochenlang beim Exporteur im Herkunfstland dahinvegetieren.

Auch das oft verbreitete Gerücht, dass Wildfänge extrem abgemagert im Importland ankommen entspricht nur in Ausnahmefällen der Wahrheit. Sollte das doch mal der Fall sein, dann liegt das zumeist an den Sammlungen während oder nach einer Kokonphase, oder an der oben beschriebenen längeren Zwischenlagerung beim Fänger und Exporteur.

Abb. 62. *Theraphosa blondi* mit Beinverlust.
Foto: Uwe Dost

Welche Möglichkeit zum Kauf man auch wählt, so sollte man sicherstellen, dass die Spinne auch einen gesunden Eindruck macht. Es ist zwar unmöglich, einen kompletten Gesundheitscheck vor dem Kauf durchzuführen, aber bei Beachtung einiger wesentlicher Punkte kann man relativ sicher sein, eine gesunde Vogelspinne zu erwerben.

Man schaut sich zunächst einmal den Gesamtzustand der Spinne an. Sollte ein einzelnes Bein fehlen (Abb. 62) und die Bruchstelle nicht nässen, so ist das lediglich ein Schönheitsfehler, bei dem das fehlende Bein nach spätestens zwei Häutungen fast vollständig regeneriert ist.

Fehlende Taster bei adulten männlichen Spinnen sind ein Problem, da diese dann für Zuchtversuche verloren sind. Allgemein sollte man den Kauf nicht tätigen, wenn die Chelizeren ganz oder teilweise fehlen. Die Chance diese Spinne bis zur nächsten Häutung am Leben zu erhalten, sind nicht besonders hoch (siehe auch Kapitel Verletzungen).

Ein eingefallenes Opisthosoma zeugt von einem schlechten Gesamtzustand. Womöglich ist das Tier extrem dehydriert. Verpilzungen am Körper (Abb. 63) deuten auf ältere Tiere hin, die sich nicht mehr regelmäßig pflegen. Genauer anschauen sollte man sich den Bereich des Labiums. Weißer Schleim ist immer ein schlechtes Zeichen (eventuell Nematoden).

Auch wenn sich im Behältnis der Spinne viele Buckelfliegen (*Phoridae*) befinden, sollte man von einem Kauf Abstand nehmen. Unter Umständen sind dann sogar auf der Spinne Maden oder die leeren Puppen dieser Fliegen zu finden.

Um auch längerfristig informiert zu sein und vor allem um sich mit anderen Vogelspinnenhaltern auszutauschen, ist eine Mitgliedschaft im weltweit mitgliedsstärksten Spinnenverein, der Deutschen Arachnologischen Gesellschaft (DeArGe) sinnvoll.

Das regelmäßig erscheinende Organ der DeArGe, die ARACHNE ist ein weiteres Argument für eine Mitgliedschaft. Weitere Informationen: http://www.dearge.de

Abb. 63. *Theraphosa blondi* mit Pilz an Chelizere. Foto: Uwe Dost

Gesetzliche Bestimmungen

Je nach Bundesland gibt es die unterschiedlichsten gesetzlichen Bestimmungen für die Haltung von Vogelspinnen. Dabei ändern sich diese Bestimmungen relativ häufig, so dass eine Auflistung hier sinnlos erscheint. Von keinerlei Einschränkungen bis zu teilweisen Haltungsverboten für bestimmte Arten reicht hierbei das Spektrum der Auflagen der Behörden. Wie auch immer die diesbezügliche Gesetzeslage aussieht, auf jeden Fall muss der Halter sicherstellen, dass von seinen Tieren keinerlei Gefahr für die Bevölkerung ausgeht.

Für Bewohner von Mietwohnungen gibt es grundsätzlich kein Haltungsverbot, da Vogelspinnen zu den Tieren gehören, die, anders als Hund oder Katze, in geschlossenen Behältnissen wie Käfigen, oder im Fall der Spinnenhaltung, in Terrarien gehalten werden. Generell wird seitens der Gesetzgeber die Haltung von Kleintieren als Teil der allgemein üblichen Nutzung einer Mietwohnung angesehen.

Auch wenn der Mietvertrag eine Tierhaltung grundsätzlich ausschließt, kann diese nicht völlig untersagt werden, da von Kleintieren keine Beeinträchtigung der Wohnung und keine störenden Auswirkungen auf die Mitmieter ausgehen (BGH NJW 1993, 1061). Selbstverständlich muss man dann auch sicherstellen, dass keine Futtertiere entweichen können.

Im Einzelfall kann allerdings ein Nachbar, der eine entsprechende Phobie nachweisen kann, ein Haltungsverbot für die betroffene Wohnung erwirken. Auf jeden Fall sollte man den Vermieter vor dem Einzug beziehungsweise vor der Anschaffung der Tiere darüber informieren um Missverständnisse zu vermeiden.

Auch wenn man vorhat, sich aus dem Urlaub eine Vogelspinne mitzubringen, kann man sich unter Umständen erheblichen Ärger einhandeln. Angefangen beim Herkunftsland, wo man selbstverständlich die gesetzlichen Bestimmungen zur Ausfuhr beachten muss. Die meisten Länder haben diesbezüglich ein striktes Ausfuhrverbot. Im Einzelfall kann man vor Antritt der Reise bei der jeweiligen Botschaft eine einmalige Sammelgenehmigung erwirken.

Aber auch mit einer Genehmigung untersagen Fluggesellschaften grundsätzlich die Mitnahme von Vogelspinnen. Besonders wenn man ohne Erlaubnis Spinnen im Handgepäck mit sich führt, kann es extreme Probleme mit dem Flugpersonal geben. Was passieren kann, wenn eine im Handgepäck mitgeführte Vogelspinne durch Zufall den Weg in die Kabinen findet, kann sich jeder selbst ausmalen. Auf jeden Fall sollte man mitgeführte Vogelspinnen nach der Landung in Deutschland mit sämtlichen verfügbaren Papieren beim Zoll anmelden um bei einer Kontrolle weitere Probleme zu vermeiden.

Pflege im Terrarium

Die Unterbringung

Entsprechend ihrer Größe benötigen die Riesenvogelspinnen wesentlich mehr Raum als andere Arten. Eine überdimensionierte Grundfläche ist jedoch nicht notwendig, da beide Arten nur einen sehr begrenzten Aktionsradius haben, der sich fast ausschließlich auf die Wohnröhre und ihre unmittelbare Umgebung beschränkt. Lediglich Jungtiere und adulte Männchen, die sich nach ihrer Reifehäutung aktiv auf die Suche nach Wohnhöhlen der Weibchen machen, sind aktiv in ihrem Terrarium unterwegs.

Eine weibliche *Theraphosa,* die im Terrarium umherwandert, fühlt sich offensichtlich nicht wohl. Wahrscheinlich ist das Substrat nicht fest genug. Eine mit den Füßen in die lockere Erde einsinkende *Theraphosa* lebt auf nicht natürlichem Bodengrund, deswegen sollte man den Bodengrund vor dem Einbringen der Spinne in das Terrarium möglichst festklopfen.

Ein weiterer Haltungsfehler kann ein zu feuchtes Substrat sein. Die Spinne sucht dann verzweifelt nach einem alternativen Versteck, welches den eigenen Bedürfnissen eher angepasst ist.

Für ein adultes Weibchen sollte ein Terrarium neben einer Mindesttiefe von 40 cm auch die Möglichkeit bieten, das Substrat möglichst hoch aufzuschichten. Der Steg sollte vom Boden aus gerechnet mindestens 15 cm betragen und nicht mit Lüftungsschlitzen versehen sein, damit man entsprechend viel Bodengrund in das Terrarium einfüllen kann.

Das Substrat (vorzugsweise empfiehlt sich Lehmerde) kann dann nach hinten höher werdend aufgeschichtet werden. Der Höhleneingang sollte im vorderen Bereich angelegt werden, damit die

Abb. 64. Terrarium für *Theraphosa*-Arten.
Foto: Hans-Werner Auer

Abb. 65. Einfach eingerichtetes Terrarium für *Theraphosa* mit optischen Elementen.
Foto: Marcus Willig

Spinne sich bei Bedarf in die hinteren Regionen der Höhle zurückziehen kann. Wurzeln, Laub und Moose, am Eingang platziert, geben dem Minihabitat eine natürliche Note. Auf eine Bepflanzung kann getrost verzichtet werden (Abb. 64 und 65). Alternativ zu einem Glasterrarium kann man auch eine Plastikwanne entsprechender Größe verwenden.

Der Vorteil dieser Haltung liegt auf der Hand. In eine Plastikwanne lässt sich das Substrat wesentlich höher einfüllen und die Wohnhöhle entsprechend gestalten. Auch wenn die Optik dabei etwas zu wünschen übrig lässt, so ist in solchen Behältern eine wesentlich naturnähere Haltung möglich als in den handelsüblichen Glasterrarien.

Man muss nur darauf achten, dass der Deckel von der Vogelspinne nicht angehoben werden kann. Deswegen sollte man ein Behältnis mit sicher schließendem Deckel verwenden und diesen mit Luftlöchern versehen.

Kleinere boden- und baumbewohnende Arten halte ich seit Jahren erfolgreich in Haushaltsdosen mit den Maßen 20 x 20 x 20. Diese Dosen haben einen fest schließenden Deckel und eignen sich selbstverständlich auch für Jungspinnen der Gattung *Theraphosa* (Abb. 66).

Auf einen Wassernapf kann man verzichten, sofern man die natürlichen klimatischen Bedingungen in etwa auf die Terrarienhaltung umsetzen kann. Den Feuchtigkeitsbedarf decken die Spinnen durch die feuchte Erde, durch die hohe Luftfeuchtigkeit und nicht zuletzt durch die erbeuteten Tiere.

Auch wenn *Theraphosa blondi* und *T. apophysis* oft in unmittelbarer Nähe von stehenden oder fliessenden Gewässern siedeln, so suchen sie diese nur sehr selten zur Aufnahme von Flüssigkeit auf. Eine umherlaufende Riesenvogelspinne ist eine willkommene Mahlzeit für eine Vielzahl von Fressfeinden.

Abb. 66. Alternativ zu einem handelsüblichen Terrarium kann man auch Plastikbehälter mit entsprechenden Deckel verwenden.
Foto: Hans-Werner Auer

Lediglich zu Zeiten, in denen *Theraphosa* keine oder kaum Nahrung zu sich nimmt – vor und nach einer Häutung (Abb. 67 und 68) sowie vor und während der Brutpflege – kann man die Feuchtigkeitsaufnahme mit einer Wasserschale unterstützen. Will man auf einen Wassernapf nicht verzichten, sollte man diesen, um die Spinne möglichst wenig zu stören, in der Nähe der Terrarienöffnung platzieren.

Klimatische Bedingungen

Es sollte klar sein, dass die klimatischen Bedingungen, die im natürlichen Habitat vorherrschen, im Terrarium niemals zu erreichen sind.

Im tropischen Lebensraum von *T. blondi* und *T. apophysis* herrscht kein eindeutig definiertes Klima vor. Sicherlich gibt es Regen- und auch Trockenzeiten. Allerdings kommt es immer wieder mal vor, dass es auch in Trockenzeiten zu mehreren täglichen Regenschauern kommt.

Diese können zu jeder Tages- und Nachtzeit auftreten. Selbst ein kurzes tropisches Gewitter lässt die Temperaturen merklich abkühlen und die Luftfeuchtigkeit selbstverständlich ansteigen. Andererseits gibt es auch Perioden in denen es tagelang überhaupt nicht regnet. Man sieht also, dass die klimatischen Bedingungen in den Tropen keinen festen Regeln folgen. Ähnlich sollte die Haltung in den Terrarien aussehen.

Abb. 67. Nach einer Häutung sichtbare Reste des Häutungsgespinnst. Foto: Uwe Dost

Abb. 68. Häutungsvorbreitung bei *T. blondi*. Dazu wird der Eingang dicht mit Spinnseide verschlossen. Foto: Uwe Dost

Standardisierte klimatische Werte sind sicherlich ein Anhaltspunkt für die Haltung von Vogelspinnen, aber sicher keine dauerhafte Lösung für eine anvisierte Zucht. Man sollte sich vor Augen führen, dass es nirgendwo 365 Tage im Jahr hochsommerliche Bedingungen mit genau definierten Temperaturen und Regenfällen gibt. Deswegen sollte man seinen Tieren neben kühleren und wärmeren Perioden auch trockene und feuchtere Zeiten gönnen. Als Richtwert kann man eine Temperatur von ca. 22°C nehmen. Dieser Wert kann um ein paar Grad nach oben oder nach unten variieren. Dabei kann man sich an unserem heimischen Klima orientieren. Auch wenn die Klimawerte für Südamerika eine andere Sprache sprechen, so sind diese Werte nicht der Bodennähe der Wälder – und schon gar nicht der Wohnhöhle einer Vogelspinne – entnommen, in der es mitunter noch einige Grad kühler ist als unmittelbar vor dem Bau. In diesen Höhlen findet man auch keine ausreichende Belüftung. Nach Regengüssen – die in dieser Region mitunter recht heftig ausfallen können – steigt die Feuchtigkeit auch im Wohnbereich der Spinne mitunter extrem an. Andererseits wirken sich auch Trockenperioden auf die Wohnhöhlen von *Theraphosa blondi* und anderen Bodenbewohnern aus.

Um vor einem erwarteten Kokonbau und vor einer Häutung die Luftfeuchtigkeit kurzzeitig schnell ansteigen zu lassen, kann man etwas handwarmes Wasser in das Terrarium gießen. Dadurch steigt die Luftfeuchte relativ schnell an.

Regelmäßige Pflegemaßnahmen

Im Prinzip sind Vogelspinnen sehr genügsame Pfleglinge. Die regelmäßigen Arbeiten am und im Terrarium kann man auf die notwendigsten Dinge beschränken.

Man sollte darauf achten, dass der Feuchtigkeitsbedarf gedeckt ist. Gelegentliches Anfeuchten des Substrates mit handwarmem Wasser – etwa ein- bis zweimal in der Woche genügt.

Nicht angenommene Futtertiere sollten nach 24 Stunden wieder entfernt werden, ebenso wie Futtertierreste, sofern dazu die Spinne nicht extrem gestört werden muss. Ebenso verhält es sich mit Schimmel. Häutungsüberreste stören nicht weiter. In der Regel wird die Spinne die abgestreifte Exuvie mit der Zeit selbst außerhalb des Wohnbereichs ablegen. Man kann allerdings auch kleine Insekten wie Springschwänze und weiße Asseln (siehe auch Kapitel Krankheiten) im Terrarium einsetzen, die dieses dann von Schimmel, Futtertierresten und anderen organischen Abfällen, wie abgestorbenen Pflanzenteilen, weitestgehend befreien.

Eine jährliche Komplettreinigung des Terrariums ist nur dann nötig, wenn das Substrat extrem verschmutzt ist.

Sinnvoller ist es, ein einmal „eingefahrenes“ Terrarium möglichst so zu belassen. Eine Neueinrichtung bringt die Spinne nur in vermeidbare Stresssituationen. So muss sie sich von heute auf morgen auf eine möglicherweise komplett neue Umgebung einstellen. Eventuell wird die zuvor angenommene Wohnhöhle nun gemieden und die Vogelspinne läuft über Stunden scheinbar ziellos durch das Terrarium.

Um den eigenen ästhetischen Ansprüchen zu genügen, kann man bei Bedarf die Frontscheibe von Kotresten und Spinnfäden reinigen. Für das Wohlbefinden der Vogelspinne ist das jedoch sicher nicht ausschlaggebend.

Ernährung

Aufgrund der erreichbaren Größe der Riesenvogelspinnen sollte man entsprechende Futtertiere verwenden. Es macht wenig Sinn, adulte Tiere mit Unmengen von Heimchen und Grillen zu füttern. Selbst Heuschrecken dürften nur in entsprechenden Stückzahlen eine ausreichende Nahrungsversorgung darstellen. Alternativ bieten sich diverse Schabenarten an. Vor allem die leicht zu züchtende Argentinische Waldschabe *Blaptica dubia* bietet sich als kostengünstiges Futtertier an.

Oftmals wird zur Verfütterung von Mäusen geraten. Sicherlich eine weitere

Abb. 69. *Theraphosa blondi* beim Verspeisen einer Schabe. Foto: Hans-Werner Auer

günstige Alternative um einer adulten *Theraphosa* schnell und unkompliziert ausreichend Nahrung anzubieten. Allerdings gibt es hier einige Punkte, die zu beachten sind und zeigen, dass lebende Mäuse nicht unbedingt geeignet sind:

- Mäuse sind recht wehrhaft. Es kann durchaus vorkommen, dass eine Maus sich mit Bissen verteidigt. Das kann zu ernsthaften Verletzungen bei der Spinne führen.

- Einmal in das Terrarium gesetzt, läuft eine Maus oftmals hektisch herum und macht die Spinne nervös. Ein Angriff der Spinne erfolgt dann oft nicht aus dem Futtertrieb heraus, sondern eher als Verteidigung, um den vermeintlichen Angreifer in die Flucht zu schlagen.

- Gelegentlich werden Mäusezuchten mit Milbenmitteln behandelt. Diese Insektizide führen nach dem Fressen einer behandelten Maus auch bei Vogelspinnen zu Vergiftungen, die in der Regel zum Tode führen.

- Bis eine adulte Maus komplett verdaut ist, dauert es bis zu 24 Stunden oder mehr. In dieser Zeit setzt unter anderem durch die Enzyme, die die Vogelspinne erbricht um die Nahrung zu verflüssigen, bereits der Verwesungsprozess ein. Neben der extremen Geruchsbelästigung lockt das auch so genannte Buckelfliegen der Familie *Phoridae* an. Diese Fliegen gelten als Schädlinge und mögliche Überträger von Nematoden. Mehr dazu im Kapitel "Krankheiten".

Möchte man einer Vogelspinne schnell eine größere Menge Nahrung zukommen lassen, kann man dieses auch mit einem Stück Fleisch bewerkstelligen. Ich verfüttere gelegentlich Hühnerherzen aus dem Lebensmittelhandel an meine Tiere. Dabei macht man sich zunutze, dass Vogelspinnen auch Aasfresser sind. Bedenken wegen irgendwelcher schädigenden Substanzen im Fleisch braucht man nicht zu haben. Ausfälle aufgrund der Aufnahme von Frischfleisch konnte ich noch nicht beobachten. Ebenso wenig wie die gelegentlich vermuteten Spontanhäutungen durch mit Hormonen behandeltes Fleisch.

Will man jedoch das gesamte Spektrum der Verhaltensweise von Vogelspinnen beobachten, sollte man auf die Verfütterung von lebenden Insekten nicht verzichten. Auch wenn es für Normalsterbliche nicht nachzuvollziehen ist und teilweise pervers anmutet, so ist es doch immer wieder ein Erlebnis, mit welcher Gewalt sich eine Vogelspinne auf ein zufällig vorbeikommendes Beutetier stürzt.

Viele Anfänger machen den Fehler, ihrem Pflegling täglich ein oder mehrere Futterinsekten anzubieten. Man sollte jedoch dringend darauf achten, dass man einer Vogelspinne nicht zuviel Futter

Abb. 70. *Theraphosa apophysis* beim Fressen einer Heuschrecke. Foto: Hans-Werner Auer

anbietet. Ein tägliches Futtertier entsprechender Größe ist zuviel. Vielmehr sollte man sich eine unregelmäßige Fütterung angewöhnen und auch mal eine mehrwöchige Pause – zumindest bei subadulten bis adulten Tieren – einlegen. Gründe für diese Vorgehensweise sind zum Beispiel, dass Vogelspinnen bei der Kokonpflege mit der ungewohnten selbst auferlegten Futterpause nicht klarkommen und den Kokon fressen. Diese Verluste kann man mit solch zwangsweise auferlegten Fastenzeiten – gewissermaßen durch Gewöhnung – zumindest teilweise vermeiden. Selbstverständlich sollte man die Spinne vor dem erwarteten Kokonbau mit möglichst vielen (oder großen) Futtertieren versorgen, damit sie entsprechend viel Kraft für die bevorstehenden Aufgaben der Kokon- und Brutpflege sammeln kann. Auch nach dieser Kokonzeit sollte man mit dem Futterangebot nicht sparsam umgehen.

Man kann davon ausgehen, dass Vogelspinnen im natürlichen Habitat nicht die in Gefangenschaft angebotene Futtermenge aufnehmen können. Auch wenn es in den Herkunftsgebieten von Vogelspinnen von Insekten und kleinen Wirbeltieren wimmelt, so ist es eher Zufall, wenn sich ein entsprechendes Tier in die Nähe der Wohnhöhle einer Vogelspinne verirrt

Krankheiten

Die Erforschung von Krankheiten bei wirbellosen Tieren ist leider nicht besonders weit fortgeschritten. Somit ist die herkömmliche Tiermedizin mit der Behandlung von Vogelspinnen auch weitgehend überfordert. Viele erfahrene Halter und Züchter können im Ernstfall sicher die besseren Ratschläge zu eventuellen Behandlungsmethoden liefern.

Aufgrund der zurückgezogenen Lebensweise der meisten Vogelspinnen – dazu zählen auch die beiden Arten der Gattung *Theraphosa* – ist ein rechtzeitiges Erkennen von Krankheitsbildern sehr schwierig.

Parasiten

Für die Riesenvogelspinnen sind es in erster Linie Parasiten, die ein ernstzunehmendes Problem darstellen. So sind die Buckelfliegen (*Phoridae*) ständige Begleiter in fast jeder Hobbyhaltung von Spinnentieren. Diese Fliegen vermehren sich bei feuchtwarmer Haltung explosionsartig. Verendete Futtertiere als Eiablageplatz und Nahrungsquelle tun ihr Übriges zur Vermehrung dieser lästigen Fliegen, die auch nicht davor zurükkscheuen einer Spinne, die gerade ein Futtertier verspeist, einen Teil der Beute abspenstig zu machen. Bei einem größeren Futtertier, wie es bei ausgewachsenen *Theraphosa*-Arten üblich ist, finden diese Fliegen zum Teil noch die Zeit zur Eiablage auf dem Futtertier und benutzen somit die Spinne als Wirt. Nicht selten greifen die zunächst winzigen Maden der *Phoridae* auch auf unsere lebenden Pfleglinge über (Abb. 71). Gerade bei *Theraphosa blondi* scheint ein solcher Befall nicht allzu selten vorzukommen (Abb. 72). Gelegentlich wird die noch lebende Spinne von den sich entwickelten Maden innerlich zerfressen, bis irgendwann der Körper der Spinne (meistens am Opisthosoma) aufplatzt und eine Masse an wohlgenährten Buckelfliegenmaden die Spinnenhülle verlässt. Die Bekämpfung dieser Plagegeister ist ein

Abb. 71. Diese Vogelspinne wurde von Larven der Buckelfliege von innen ausgehöhlt. Deutlich erkennbar sind die Puppen der Larven.
Foto: Frank Schneider

Abb. 72. Leere Hüllen von Larven einer parasitierenden Fliegenart auf einer *Theraphosa*.
Foto: Frank Schneider

schweres bis aussichtsloses Unterfangen. Zur Eindämmung dieser Fliegen eignen sich am besten Fallen folgender Art: Man stellt mehrere Plastikbehälter (100–200 ml) im Bereich der Terrarien auf. Diese Plastikbehälter füllt man zur Hälfte mit Bier und einem Spritzer Spülmittel. Die Hefe im Bier lockt die Phoriden an und das Spülmittel vermindert die Oberflächenspannung der Flüssigkeit, so dass die Fliegen zum großen Teil ertrinken. Selbstverständlich sollte man bei Anwendung dieser Methode möglichst vermeiden, dass für die Fliegen Alternativen wie verendete Futtertiere erreichbar sind.

Weitere, allerdings selten anzutreffende Parasiten sind die Larven von Raubwespen der Gattung *Pepsis* (Abb. 73).

Abb. 73. Raubwespe - eine der Feinde von *Theraphosa* im natürlichen Habitat.
Foto: Frank Schneider

Diese Wespen suchen sich für die Brutpflege eine Vogelspinne, die mittels des Stachels betäubt wird. Anschließend schleppt die Wespe mit enormer Anstrengung die betäubte Spinne in eine zuvor gegrabene Bruthöhle und platziert in der Regel ein einzelnes Ei im Opisthosoma. Mit der Zeit entwickelt sich aus dem Ei eine Larve, die die Spinne von innen auffrisst (Abb. 74).

Abb. 74. Larve eines unbekannten Parasits bei einer *Avicularia*. Foto: Hans-Werner Auer

Mit Parasiten dieser Art kommt der Halter normalerweise selten in Berührung, da es sich bei befallenen Tieren ausschließlich um Wildfänge handelt, die zudem kaum bewegungsfähig sind.

Eine der größten Probleme in der Spinnenhaltung sind Nematoden, die sich häufig explosionsartig vermehren. Ein Grund scheinen entsprechend befallene Futterinsekten zu sein. Die Nematoden gehen beim Verdauungsvorgang auf die Spinne über. Einen Befall mit Nematoden erkennt man recht deutlich am weißen, schleimartigen Belag im Bereich des Labium (Abb. 75).

Abb. 75. Eine mit Nematoden befallene Vogelspinne. Foto: Frank Schneider

Möglicherweise übertragen sich Nematoden auch über die oben näher beschriebenen Buckelfliegen von Terrarium zu Terrarium. Im Extremfall können so ganze Bestände befallen und vernichtet werden (Schneider 2004). Ein Befall lässt sich nie ganz vermeiden, jedoch kann man mit einigen Maßnahmen die Gefahr relativ gut einschränken:

- Bei einem Befall sollte man auf jeden Fall sämtliche Einrichtungsgegenstände und das Substrat entfernen und vernichten. Die Terrarien sollten gereinigt, desinfiziert und vor einem Neubesatz mehrere Wochen unbenutzt in separaten Räumlichkeiten aufbewahrt werden.

- Futtertierreste und verendete Futtertiere umgehend entsorgen.
- Ein nicht gefressenes Futtertier niemals einer anderen Spinne anbieten.
- Den Befall mit Buckelfliegen mit oben genannter Methode minimieren.
- Einrichtungsgegenstände und Arbeitsmaterialien wie Pinzetten vor der Benutzung in anderen Terrarien gründlich reinigen (Alkohol, Desinfektionsmittel).

Abb. 76. Vogelspinne mit Milbenbefall im Bereich des Labium. Foto: Martin Thierer-Lutz

Weitere unangenehme Parasiten sind diverse Milbenarten. Grundsätzlich sollte ein geringer Milbenbefall (Abb. 76) kein Problem darstellen. Jedoch bildet ein zu feuchtes Bodensubstrat ein ideales Umfeld für ein rasches Vermehren der Milben. Wenn die Spinne zudem durch Umstände wie Transport, Häutung oder Kokonbau geschwächt ist, können die Milben diese zusätzlich so schädigen, dass dies zum Tod führen kann. Auch hier sollte man auf eine möglichst saubere Haltung achten.

Als kleine Hilfe kann man einen Zuchtstamm Springschwänze oder Weiße Asseln im Terrarium ansiedeln. Diese kleinen Helfer ernähren sich von toten Futtertieren, Futtertierresten und Schimmel und entziehen so den diversen unerwünschten Terrarienbewohnern die Nahrungsgrundlage.

Wenig bekannt ist über die Ursache des so genannten Vogelspinnenkrebses. Dabei bildet sich überwiegend am Opisthosoma ein geschwulstähnliches Gebilde, dessen Ausmaße mit der Zeit zunehmen und das sich dunkel, fast schwarz verfärbt. Zusätzlich wird die zuvor blasenähnliche Geschwulst nun von einer Kruste überzogen (Abb. 78).

Die Spinne frisst zunächst normal. Selbst einen Kokonbau eines erkrankten Tieres konnte ich beobachten. Irgendwann wird die Nahrungsaufnahme dann aber komplett eingestellt und das Tier verendet.

Angeblich ist es bei einigen Tieren mittels Aufschneiden der Geschwulst und Abfließenlassen der im Inneren befindlichen Flüssigkeit zu einer Heilung gekommen. Eine weitere Möglichkeit ist eine extrem trockene Haltung, um die Geschwulstbildung zu stoppen. Gelegentlich bildet sich die Geschwulst mit einer Häutung zurück . Um was es sich bei dieser überwiegend zum Tode führenden Erkrankung genau handelt, liegt vollkommen im Dunkeln.

Gelegentlich kommt es bei zu feucht gehaltenen Vogelspinnen – überwiegend bei Arten die normalerweise aus trockenen Gebieten stammen – zu einem Befall mit einem Pilz. Die betroffenen Stellen, oft verheilte Wunden, sind mit einem weißen Belag überzogen. Eine trockenere Haltung und die Behandlung der betroffenen Stellen mit 70%-igem Alkohol sollte einen Pilzbefall schnell heilen.

Seit einigen Jahren versetzt das immer öfter auftretende Dyskinetische Syndrom die Vogelspinnenhalter in Unruhe. Dabei handelt es sich um eine Krankheit, die sich durch Symptome wie das oftmals beschriebene krampfartige Zittern der befallenen Tiere äußert. Eine Heilungsmöglichkeit ist ebenso wenig bekannt wie die oder der Auslöser dieses Syndroms. Wichtig ist, dass man die befallenen Tiere, wie man das grundsätzlich bei Erkrankungen unbekannter Ursache tun sollte, in Quarantäne setzt.

Auch wenn es sich nicht um eine Krankheit handelt, so sollen hier noch kurz die Gefahren einer Häutung behandelt werden, da eine Vogelspinne während dieses Vorgangs vollkommen wehrlos ist (Abb. 77). Gerade bei den stark bombardierenden Arten der Gattung *Theraphosa* ist eine bevorstehende Häutung recht gut zu erkennen. So wird die zuvor fleischfarbene kahle Stelle am Opisthosoma mit kürzerem Abstand zur Häutung immer dunkler, bis sie fast schwarz ist.

Auch wenn es gelegentlich anders zu lesen ist: eine kahle Stelle an der Oberseite des Opisthosoma heißt noch lange nicht, dass eine Häutung kurz bevorsteht. Erst wenn dieser Bereich beginnt, sich dunkel zu verfärben, kann man sich auf eine Häutung einstellen.

Spätestens dann sollte man sichergehen, dass sich keine Futtertiere mehr im Terrarium befinden. Vor allem Grillen und Heimchen können eine wehrlose Vogelspinne so anfressen, dass es zu Häutungsfehlern kommen kann oder das Tier sogar aufgrund der Verletzungen und/oder am Stress verendet (Abb. 79).

Abb. 77. Jungspinne von *T. blondi* bei der Häutung. Foto: Uwe Dost

Abb. 78. Deutlich erkennbar ist das blasenartige Geschwür am Opisthosoma. Foto: Frank Schneider

Abb. 79. Wenn *Theraphosa* bei einer Häutung gestört wird, kann es zu solchen Missbildungen kommen. Foto: Frank Schneider

Verletzungen

Nicht selten kommt es vor, dass sich Vogelspinnen an Einrichtungsgegenständen im Terrarium verletzen. Dabei passiert das seltener im normalen Bewegungsablauf, sondern eher bei der Flucht, zum Beispiel bei Belästigung durch den Pfleger, bei der Jagd auf Futtertiere, oder aber bei Stürzen von kletternden bodenlebenden Vogelspinnen. Solche Unfälle lassen sich zwar nie ganz verhindern, allerdings kann man beim Einrichten des Terrariums bereits entsprechende Vorsorge treffen und spitze oder kantige Gegenstände vermeiden.

Sollte sich eine Vogelspinne tatsächlich so verletzen, dass Hämolymphe (das „Blut“ von Spinnen) austritt, dann kann man erste Hilfe leisten, indem man die betroffene Stelle mit Honig oder Sprühpflaster behandelt. Größere Wunden am Opisthosoma sind sehr schwer zu behandeln. Sollte eine solche Wunde nicht zu schließen sein, sollte man die Spinne schmerzlos töten.

Auch Ausbruchsversuche aus Terrarien führen oftmals zu gefährlichen Situationen. Bei dem Versuch das Lüftungsgitter aufzubeißen, kommt es gelegentlich zum Verlust einer oder beider Chelizerenklauen. Gleiches passiert mitunter bei dem Versuch, sich bei Schiebetürenterrarien in den Spalt zwischen der Schiebescheibe und der Terrarienwand zu zwängen.

Verständlicherweise ist in einem solchen Fall die Nahrungsaufnahme nur stark eingeschränkt möglich. Man muss nun versuchen die Zeit bis zur nächsten Häutung – nach der sich die Klauen teilweise neu gebildet haben – zu überbrükken. Eine Möglichkeit besteht darin, der Spinne mittels einer Einwegspritze einen Nahrungsbrei aus püriertem Fleisch zu verabreichen. Alternativ dazu kann man auch den Wassernapf – die Flüssigkeitsaufnahme ist trotz dieser Beeinträchtigung weiterhin möglich – mit Schweine- oder Rinderblut füllen. Eventuell kann man das Blut im Verhältnis 50 zu 50 mit Wasser verdünnen. In diesem Fall muss der Wassernapf (aus eigenem Interesse wegen der Geruchsbildung) täglich gereinigt werden.

Seltener sind Ausbruchsversuche aus Terrarien mit Falltürscheibe. Dabei schiebt die Spinne unter enormer Kraftanstrengung die Scheibe nach oben und zwängt sich durch den entstandenen Spalt. Gelegentlich verkantet sich bei solchen Versuchen die zurückfallende Scheibe zwischen Prosoma und Opisthosoma und durchtrennt wichtige Teile des Petiolus. Oder die Spinne versucht sich aus dieser Lage mit aller Anstrengung zu befreien und reißt sich selbst so das Opisthosoma zum Teil ab, so dass sie in dieser Position verendet. Sollte so ein Ausbruchsversuch ohne weiteren Schaden für die Spinne glücken, so entstehen als Folge dieses Freiganges weitere Gefahren. Bei einem spärlich eingerichte-

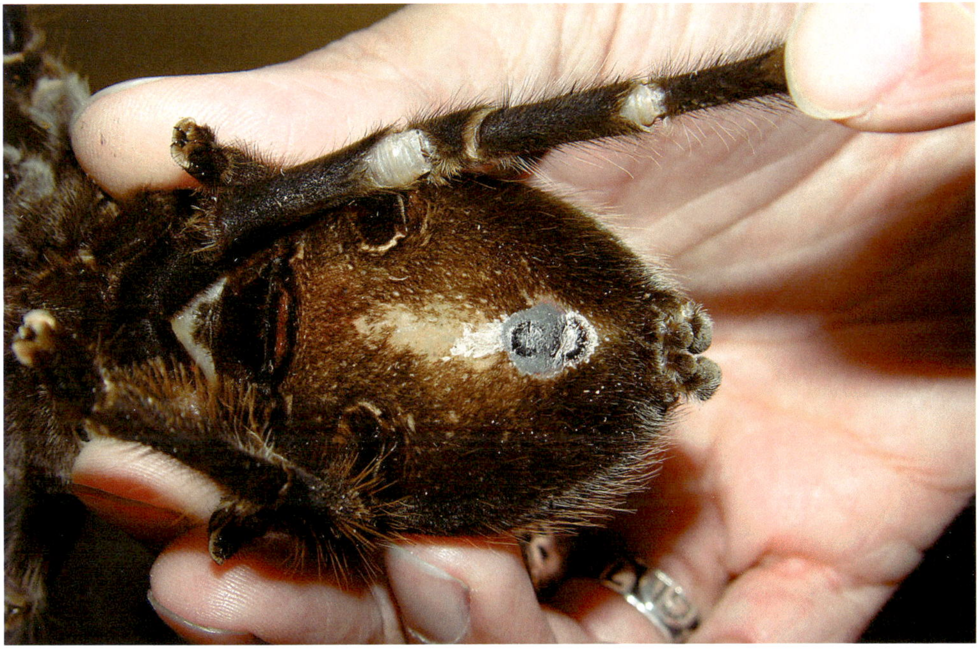

Abb. 80. Verletzung an der Unterseite des Opisthosoma. Foto: Frank Schneider

ten Zimmer sollte zumindest eine größere Vogelspinne recht einfach zu finden sein. Schwieriger gestaltet sich die Suche bei Räumen mit vielen kleinen Versteckmöglichkeiten. Auf jeden Fall sollte man versuchen, die entlaufene Spinne so schnell wie nur möglich wieder einzufangen.

Für eventuell entkommene Jungspinnen liegen die Gefahrenherde unter anderem bei im Zimmer befindlichen Zitterspinnen (*Pholcus* sp.), welche durch die enorme Reichweite ihrer langen dünnen Beine selbst kaum angreifbar sind, aber eine vom Körpervolumen weitaus größere junge Vogelspinne problemlos überwältigen können.

Gerade für Jungspinnen, aber auch für adulte Exemplare besonders heikel ist die Problematik der raschen Dehydrierung mangels Wasseraufnahme. Aber auch andere Haustiere und die eigene Unachtsamkeit können für eine entlaufene Vogelspinne zur tödlichen Gefahr werden. Wenn man dem Wunsch, eine Vogelspinne auf die Hand zu nehmen, nicht widerstehen kann, sollte man dies möglichst in Bodennähe tun.

Eine unbedachte Bewegung kann zu einer panischen Flucht der Spinne führen. Auch eine plötzliche hektische Bewegung der Spinne kann den Pfleger so erschrecken, dass dieser aus Reflex die Vogelspinne wegschleudert. Sollte eine große bodenbewohnende Vogelspinne dabei auf den Fußboden fallen, dürfte es zu schwerwiegenden Verletzungen kommen. Solche Gefahren sind vollkommen unnötig.

Vergiftungen

Es sollte sich von selbst verstehen, dass man die Anwendung von Insektengiften in der Nähe von Vogelspinnen vermeiden sollte. Zwar können die großen Vogelspinnenarten geringe Mengen von Insektiziden besser verarbeiten als die als eigentliches Ziel der Anwendung gedachten einheimischen Insekten, trotzdem kann auch eine geringe Dosis unter Umständen zu einem Verenden des Tieres führen. Auch sollte man sichergehen, dass Futtermäuse, die bei vielen Haltern eine wichtige Rolle als Futtertiere für *Theraphosa* darstellen, nicht mit Milbenmitteln behandelt worden sind. Dieses gilt auch für Einrichtungsgegenstände aller Art, vor allem Korkröhren.

Auch die Reinigung von Terrarien mit alkoholhaltigen Substanzen kann, sofern man mit dem Neubesatz nicht lange genug wartet, zu Vergiftungen führen. Die betroffene Spinne zittert dabei und läuft unkontrolliert durch das Terrarium. Ein sofortiges Umsetzen in ein gut durchlüftetes Behältnis kann Abhilfe schaffen, sofern es noch nicht zu spät ist.

Wenig Bedenken sollte man vor Dünger im Bodensubstrat haben, auch wenn gelegentlich vor dieser vermeintlichen Gefahr gewarnt wird. Dünger ist eine natürliche Substanz und nicht mit Insektiziden zu verwechseln. Sollten sich solche Insektizide in der Gartenerde befinden, so sollte dieses auf der Verpackung vermerkt sein.
Es gibt keine gesicherten statistisch relevanten Untersuchungen über die Lebenserwartung von Vogelspinnen. Berichte über 25 oder mehr Jahre alte Vogelspinnen mögen im Einzelfall stimmen, allerdings sind mir keine bewiesenen Fälle bekannt.

Lebenserwartung

Selbstverständlich ist, dass Vogelspinnen in der Terrarienhaltung älter werden als freilebende Tiere. Gerade adulte Männchen auf der Suche nach paarungsbereiten Weibchen sind etlichen Gefahren durch Fressfeinde ausgesetzt.

Grundsätzlich kann man davon ausgehen, dass größere Arten aus gemäßigten Zonen aufgrund des geringeren Stoffwechsels während der Winterruhe eine höhere Lebenserwartung haben als Arten aus den tropischen Regenwäldern. Es ist nicht weiter verwunderlich dass relativ häufig *Brachypelma spec.* und *Grammostola spec.* als langlebige Arten genannt werden. Schließlich herrschen im Verbreitungsgebiet dieser Arten in den Wintermonaten teilweise Temperaturen unterhalb des Gefrierpunkts was sich positiv auf die Lebensdauer der Arten auswirken dürfte.

Ein weiterer Aspekt ist – aufgrund der Wintermonate – das langsame Wachstum dieser Arten. Einige Spezies benötigen nicht selten 6 oder mehr Jahre bis zum Adultstadium.

Auf die *Theraphosa*-Arten bezogen sieht der Sachverhalt etwas anders aus. Zwar dauert es auch einige Jahre bis diese adult werden, allerdings ist das Klima wesentlich ausgeglichener. Die Jahreszeiten wirken sich lediglich durch Feucht- und Trockenperioden aus. Das Insektenangebot, welches für schnelles Wachstum maßgeblich ist, ist quasi über das ganze Jahr hinweg ausreichend vorhanden.

In der Regel dauert es bis zu vier Jahre, bis eine weibliche *Theraphosa* adult wird. Männchen sind ein Jahr früher geschlechtsreif, bei optimaler Haltung und entsprechendem Futterangebot auch innerhalb von zwei Jahren.

Adulte Männchen leben nach der Reifehäutung noch etwa ein bis zwei Jahre, so dass man von einem erreichbaren Alter von drei bis sechs Jahren ausgehen kann. Das hängt auch von der Anzahl der Paarungen ab, die ein Männchen vollzieht. Viele Paarungen mit Weibchen verkürzen die Lebensdauer erheblich.

Man kann davon ausgehen, dass weibliche *Theraphosa* mindestens 15 – eher mehr als 20 – Jahre alt werden können. Maßvolles Futterangebot und niedrige Temperaturen um 20°C erhöhen die Lebenserwartung zusätzlich.

Nachzucht

Obwohl Tiere der Gattung *Theraphosa* sehr oft im Handel angeboten werden, sind tatsächliche Terrariennachzuchten relativ selten. Der größte Teil der angebotenen Jungtiere stammt aus den Kokons von trächtigen importierten Weibchen. Dabei ist es nicht allzu schwer, eine Theraphosa zu verpaaren und zum Kokonbau zu bewegen, wenn man einige grundlegende Dinge beachtet.

Die Paarungsvorbereitung

Bevor man einen Paarungsversuch startet, sollte man sicher gehen, dass das Männchen den Bau eines Spermanetzes hinter sich hat und somit seine Bulben mit dem Sperma gefüllt sind.

Dazu baut das Männchen ein horizontales trapezförmiges Gespinst zwischen zwei nebeneinander liegenden Befestigungspunkten – im Fall der Terrarienhaltung zwischen zwei Einrichtungsgegenständen. Auf diesem Gespinst setzt es nun einen Spermatropfen ab, klettert rücklings unterhalb des Netzes und nimmt das Sperma mit beiden Bulben auf. Das Spermanetz hat nun seinen Zweck erfüllt und wird im Normalfall abgerissen. Das Männchen ist nun paarungsbereit. Leider ist es oft so, dass die männlichen Vogelspinnen ihr Spermanetz in der Nacht anfertigen und auch wieder

Abb. 81. Weibliche *T. blondi* mit deutlich geschwollener und geöffneter Epigastralfurche.
Foto: Hans-Werner Auer

entfernen, so dass der Pfleger kaum erkennen kann, dass das Männchen nun paarungsbereit ist. Wenn man Glück hat, findet man am nächsten Tag noch Reste dieses Netzes wobei es sich aber auch um ganz normale Spinnaktivitäten handeln kann. Als Faustregel kann man davon ausgehen, dass die Männchen ca. 6 Wochen nach der Reifehäutung einsatzbereit sind.

Ein adultes und auch paarungswilliges Weibchen ist dagegen nicht auf den ersten Blick zu erkennen. Wenn die weibliche Geschlechtsöffnung - die Epigastralfurche - deutlich geöffnet und geschwollen ist, kann man von einem paarungsbereiten Weibchen ausgehen (Abb. 78).

Auch wenn die Paarung von *Theraphosa* grundsätzlich ohne Komplikationen vonstatten geht, kann man die Paarungsbereitschaft vorher testen, indem man etwas von dem Gespinst aus dem Terrarium des Weibchens in das Behältnis des Männchens legt. Das Männchen sollte seine Bereitschaft zur Paarung nun mit dem Zittern der Beine zeigen. Sollte sich das Weibchen in unmittelbarer Nähe befinden, wird dieses unter Umständen mit einem Trommeln von Tastern und Beinpaar I antworten. Einem Paarungsversuch steht nun nichts mehr im Weg.

Die Paarung

Es gibt 3 Möglichkeiten eine Paarung zu versuchen:

1. Möglichkeit: Man setzt das Männchen in das Terrarium des Weibchens. Dieses ist die natürlichste Vorgehensweise, da auch in der Natur das Männchen aktiv die Behausung des Weibchens aufsucht. Es ist hilfreich, wenn das Weibchen bereits einige Monate in diesem Terrarium gelebt hat, damit vorhandene Spinnfäden des Weibchens das Männchen zur Balz stimulieren.

2. Möglichkeit: Man nimmt den umgekehrten Weg und setzt das Weibchen zum Männchen. Diese Methode ist keinesfalls in der natürlichen Umgebung vorzufinden und nicht empfehlenswert. Schließlich entzieht sich das Männchen nach einer geglückten Paarung dem Einzugsbereich des Weibchens und das Weibchen zieht sich in seine Wohnhöhle zurück. In einer fremden Umgebung würde das Weibchen ziellos umherirren oder aber die Wohnhöhle des Männchens übernehmen. Wie auch immer, auf jeden Fall bedeutet es unnötigen Stress, gerade für die weibliche *Theraphosa*. Sollte man sich trotzdem zu dieser Lösung entschließen, sollte man einige Tage vor der geplanten Paarung etwas Substrat mit Spinnfäden aus der Behausung des Weibchens in die des Männchens legen um es zur Paarung zu stimulieren.

3. Möglichkeit: Man verpaart *Theraphosa* in einer neutralen Umgebung. Vorteil ist, dass man die Umgebung (zum Beispiel ein speziell bereitgestelltes Paarungsterrarium) selbst wählen und unter Umständen – sollte es zu Aggressivitäten zwischen den Geschlechtern kommen - schneller eingreifen kann als in der Enge des Terrariums des Männchens oder des Weibchens. Ein eindeutiger Nachteil ist auch hier, wie bei Möglichkeit 2, dass es nicht der natürlichen Vorgehensweise

Abb. 82. *Theraphosa apophysis*-Männchen fertigt ein Spermanetz an. Foto: Mario Hering

Abb. 83. Nachdem das Sperma abgelegt wurde, kriecht das Männchen unter das Netz um das Sperma mit den Bulben aufzunehmen. Foto: Mario Hering

Abb. 84. *Theraphosa apophysis* bei der Paarung. Foto: Mario Hering

Abb. 85. *Theraphosa apophysis* bei der Paarung. Foto: Bastian Rast

Abb. 86 bis 89. *Theraphosa blondi* bei der Paarung. Fotos: Bastian Rast

entspricht. Es ist höchst unwahrscheinlich, dass sich die Geschlechter an einem neutralen Ort treffen um die Paarung zu vollziehen. Demnach sollte klar Methode 1 das Optimum sein.

Die Vorgehensweise ist denkbar einfach. Man setzt das Männchen an der am weitesten von der Behausung des Weibchens entfernten Stelle in das Terrarium. Kurz danach sollte das Männchen mit dem Zittern der Beine und dem Klopfen der Taster und des ersten Beinpaares seinen Paarungswillen zeigen. Sollte auch das Weibchen bereit sein, antwortet dieses ebenfalls mit Klopfen von Tastern und Beinpaar I.

Das Männchen nähert sich nun langsam dem Bau des Weibchens. Dabei hält er nach wenigen Schritten immer wieder an, um das oben beschriebene Balzritual fortzusetzen. Sobald es in der unmittelbaren Nähe des Weibchens angekommen ist, ändert sich das Verhalten. Das Männchen hebt nun Taster und Beinpaar I an und zittert heftig mit diesen.

Mitunter deutlich hörbar sind auch die klopfenden Bewegungen mit den Extremitäten auf dem Untergrund. Diese werden mit zunehmender Annäherung an das Weibchen immer heftiger und nun kommt es in der Regel recht schnell zur Sache.

Abb. 90. *Theraphosa apophysis* bei der Paarung. Foto: Bastian Rast

Das Männchen stemmt das Weibchen unter Zuhilfenahme des ersten Beinpaares an, in dem es dieses zwischen die Chelizeren der weiblichen *Theraphosa* schiebt.

Bei *T. apophysis* kommen hierzu die Tibiaapophysen zum Einsatz. Dabei hakt das Männchen die Schienbeinhaken in die Chelizeren des Weibchens ein und drückt dieses hoch.

Der weitere Vorgang ist bei beiden Arten nahezu identisch. Nach dem Hochstemmen kommen die männlichen Geschlechtsorgane – die Bulben – zum Einsatz, indem diese abwechselnd in die Geschlechtsöffnung der weiblichen *Theraphosa* eingeführt werden. Der eigentliche Geschlechtsakt dauert selten viel länger als einige Minuten.

Nach der Paarung trennen sich die Geschlechter in der Regel friedlich. Nur in Ausnahmefällen zeigt sich das Weibchen aggressiv und schlägt mit Tastern und ersten Beinpaar nach dem Männchen, ohne eine wirkliche Angriffsabsicht zu zeigen. Diese Drohgebärden sollen das Männchen lediglich vertreiben und nicht verletzen. Dass das Männchen nach der Paarung gefressen wird, ist bei den Arten der Gattung *Theraphosa* die Ausnahme.

Das Männchen zieht sich im Normalfall hektisch und mit zitternden Bewegungen der Beine (ähnlich dem Paarungsvorspiel) zurück. Nur selten kommt es zu einer panikartigen Flucht. Auf jeden Fall ist nun für den Halter der Zeitpunkt gekommen wieder aktiv einzugreifen und das Männchen aus dem unmittelbaren Gefahrenbereich zu entfernen.

Nach 2-3 Wochen – spätestens aber nach dem erneuten Füllen der Bulben – ist ein Vogelspinnenmännchen wieder einsatzbereit.

Der Kokonbau

Es ist nicht immer selbstverständlich, dass ein verpaartes Spinnenweibchen auch einen Kokon baut. Dazu müssen etliche Faktoren – vor allem die klimatischen Bedingungen – passen und aufeinander abgestimmt werden. Kaum eine Vogelspinne wird sich den körperlichen Anstrengungen eines Kokonbaus aussetzen, wenn nicht die optimalen Voraussetzungen gegeben sind.

In der Natur fängt die Paarungssaison zumeist nach dem Ende der Regenzeit an. Während der folgenden trockeneren Periode finden in der Regel der Kokonbau und die Pflege des Kokons durch das Weibchen statt.

Allerdings sollte man sich im Klaren darüber sein, dass eine Trockenzeit in den Tropen durch unregelmäßige, fast tägliche kurze aber heftige Regenschauer unterbrochen werden kann. Die Luftfeuchtigkeit sinkt zwar merklich ab, ist aber immer noch recht hoch. Diese Bedingungen muss nun der Pfleger im Terrarium möglichst genau simulieren, um der Spinne zu helfen:

- Das Bodensubstrat sollte weitestgehend trocken gehalten werden. Um die hohe Luftfeuchtigkeit zu erzeugen, kann man einen zirka 200 ml großen Behälter, der mit einem gut schließenden Deckel und möglichst vielen kleinen Löchern versehen wird, täglich mit heißem Wasser füllen.

- Da in der Natur die Luftfeuchtigkeit abends ansteigt, sollte man diese Prozedur in den Abendstunden durchführen. Wenn man nun noch die Lüftungsflächen des Terrariums abklebt, sorgt das heiße Wasser für ein Ansteigen der Luftfeuchtigkeit.

- Um Verbrühungen zu vermeiden sollte man sichergehen, dass der Behälter vom Weibchen nicht umgestoßen werden kann. Dazu klebt man ihn mit doppelseitigem Klebeband auf dem Glasboden des Terrariums fest.

Auch wenn es in den Tropen mitunter zu heftigen Regengüssen kommt, heißt das noch lange nicht, dass die Wohnhöhle einer Vogelspinne überschwemmt wird. Normalerweise erreicht nur ein Teil des Wassers eines tropischen Regengusses auch den Boden.

Man kann solch einen tropischen Regen im Terrarium durch gelegentliches Sprühen aus einer handelsüblichen Blumenspritze simulieren. Dabei sollte man sich keine festen Zeiten setzen, sondern nach täglichem Sprühen auch mal einen oder mehrere Tage aussetzen.

Für den gesamten Zeitraum kann man die Temperatur auf ca. 20 – 22°C herabsetzen, da sich das Weibchen im natürlichen Habitat nun auch so tief wie nur möglich in seine Wohnhöhle zurückziehen würde, wo merklich niedrigere Temperaturen vorherrschen als außerhalb.

Einen genauen Zeitraum für die Zeit von der Paarung bis zum Kokonbau zu nennen ist äußerst schwierig. In der Regel wird die 10. – 12. Woche nach der Paarung als idealer Zeitpunkt zur Kokonherstellung genannt. Sollten die klimatischen Bedingungen optimal sein, dürfte es aber auch schon eher dazu kommen. Bei ungünstigen Klimadaten kann *Theraphosa* den Kokonbau allerdings auch durchaus einige Monate hinauszögern.

Wenn der ideale Zeitpunkt gekommen ist, wird man eine erhöhte Spinnaktivität bei der Vogelspinne feststellen. Der Höhleneingang wird nun mit Spinnseide verschlossen. Die Seitenwände der Wohnhöhle werden ebenfalls kreisförmig eingesponnen (Abb. 91). Dann beginnt das Weibchen mit der eigentlichen

Abb. 91. Vorbereitung eines Kokonbaus bei *Theraphosa blondi*. Foto: Frank Schneider

Vorbereitung für den Kokonbau. Dabei wird der Boden mit einem dichten Teppich aus Spinnseide versehen.

Nach der Fertigstellung der Unterlage folgt die Eiablage, wobei zeitgleich mit dem Ablegen der Eier die Befruchtung durch die Spermien stattfindet. Die Eier werden nun nochmals mit mehreren Schichten Spinnseide überzogen und anschließend zu einem kugelförmigen Gebilde geformt.

Anschließend versieht das Weibchen den fertig gestellten Kokon mit einer dünnen Schicht eigener Brennhaare um ihn gegen Feinde wie zum Beispiel Nagetiere zu schützen.

Innerhalb des Kokons lässt *Theraphosa* den Eiern relativ viel Platz. Die Eier liegen nicht so dicht gedrängt im Innern des Kokons wie bei vielen anderen Arten (zum Beispiel *Haplopelma lividum* – bei dieser Art aus Asien sind die Kokons randvoll mit Eiern gefüllt, so dass man beim Öffnen mit äußerster Vorsicht die Schichten aufschneiden muss).

Durch das relativ hohe Gewicht der etwa erbsengroßen Eier und die lose Anordnung innerhalb des Kokons trägt das Weibchen nun ein sackähnliches Gebilde mit sich herum. Den fertigen Kokon hält die weibliche *Theraphosa* zwischen ihren Chelizeren, bewacht ihn ständig und verteidigt ihn mit allen ihr zur Verfügung stehenden Mitteln.

Vom Ei zur Nymphe

Die Entwicklungsdauer der Eier in einem Kokon ist von vielen Faktoren abhängig.

Bei gemäßigten klimatischen Bedingungen (ich halte meine *Theraphosa* in der Kokonzeit bei rund 20-22 °C) dauert es rund 10 bis 15 Wochen, bis sich aus dem gerade hergestellten Kokon die Larven entwickeln.

Abb. 92. Zwei *Theraphosa blondi*-Larven bei der Nahrungsaufnahme bei einem abgestorbenen Geschwistertier. Foto: Stephan Prein

Abb. 93. Frisch geschlüpfte Larven von *T. blondi*. Foto: Frank Schneider

Einige Züchter nehmen in diesen ersten Wochen dem Weibchen den Kokon weg, um die Nachzucht künstlich zu zeitigen, denn es besteht immer die Gefahr, dass das Weibchen den Kokon – meistens nach 5-6 Wochen - frisst. Eine zu frühe Wegnahme des Kokons birgt jedoch die Gefahr, dass man noch unentwickelte Eier vorfindet.

Wenn man dann versucht, die Entwicklung der Eier zu Prälarven und später zu Larven und Nymphen künstlich herbeizuführen, wird das in den seltensten Fällen von Erfolg gekrönt sein, da sich gewöhnlich nach wenigen Tagen die absterbenden Eier schwarz färben.

Nach etwa 7 – 8 Wochen, von der Kokonherstellung ausgehend, entwickeln sich aus den Eiern so genannte Prälarven. In diesem Stadium können sie sich kaum selbstständig fortbewegen. Allerdings sind diese (und auch später die Larven) dann bereits zur Nahrungsaufnahme fähig, indem sie sich von unbefruchteten Eiern oder abgestorbenen Prälarven ernähren. Diese Art der Nahrungsaufnahme bringt einen deutlichen Vorteil mit sich. Die betreffenden Tiere sind dann merklich größer und weniger anfällig (Abb. 92).

Auch äußerlich lässt sich die Entwicklung verfolgen. Der zuvor lockere Kokon scheint zu schrumpfen. Tatsächlich sind es die Prälarven, die ihn nun deutlich ausfüllen. Teilweise sieht man dann auch beulenartige Ausbuchtungen an der Kokonoberfläche. Diese Ausbuchtungen sind die im inneren befindlichen Prälarven und später die Larven (Abb. 93 und 94). Mit einigem Aufwand ist nun eine künstliche Zeitigung möglich.

Abb. 94. Geöffneter *Theraphosa blondi*-Kokon. Deutlich zu sehen sind die Exuvien von der Häutung Prälarve zu Larve. Foto: Stephan Prein

Wenn man einen *Theraphosa*-Kokon öffnet, wird man feststellen, dass seine Innenseite recht feucht und „glitschig" ist, im Gegensatz zu der watteähnlichen Konsistenz der meisten anderen Vogelspinnenkokons.

Diesen Zustand muss man bei der weiteren Zeitigung natürlich beachten, was nicht ganz einfach ist, da feuchte Materialien zur Schimmelbildung neigen und somit die ganze Nachzucht gefährden. Tatsächlich ist es besser, noch weitere 3-4 Wochen zu warten, denn in der 10. bis 15. Woche sollten sich aus den Prälarven die Larven von *Theraphosa* entwickeln. In diesem Stadium sind die Jungspinnen bereits weitestgehend bewegungsfähig. Auch die Spinnwarzen sind nun funktionsfähig.

Kurze Zeit nach der Entwicklung zum Larvenstadium würde nun das Weibchen den Kokon einen Spalt weit öffnen und die Larven kriechen heraus. Diese halten sich nun überwiegend in der Nähe des geöffneten Kokons auf.

Sollte man nun eine künstliche Zeitigung in Erwägung ziehen, sollte man den geöffneten Kokon in eine mit feuchter Erde ausgelegte Haushaltsdose legen und über dem Kokon ein halbrundes Stück Korkrinde platzieren. Die Larven klettern nun zum Teil kopfüber unter die Korkrinde und verharren dort, bis sie sich schließlich zu Nymphen entwickeln.

Nun sind es fertige Vogelspinnen. Etwa eine Woche nach dieser entscheidenden Häutung ist die *Theraphosa*-Nymphe soweit ausgehärtet, dass sie erstmalig selbst erlegte Nahrung zu sich nehmen kann.

Theraphosa-Nymphen haben bereits in ihrem ersten Stadium eine beeindruckende Größe, so dass subadulte Heimchen kein Problem für diese Spinnen darstellen sollten.

Selbstverständlich sind alle Zeitangaben lediglich Richtwerte. Geringe klimatische Schwankungen können die Zeitigungsdauer zum Teil erheblich verkürzen bzw verlängern. So sind Daten verfügbar, nach denen sich bereits nach 4 Wochen Prälarven im geöffneten Kokon befunden haben. Weitere 1-2 Wochen später entwickelten sich diese zu Larven um dann nach nochmaligen 1–2 Wochen die Häutung zu Nymphen zu durchschreiten.

Dieser kürzere Zeitraum resultiert aus einer wesentlich höheren Haltungstemperatur von rund 28 bis 30°C. Als ideale Temperatur während der Kokonphase hat sich ein Wert von ca. 22°C erwiesen. Das dürfte in etwa auch den Gegebenheiten in der Höhle im natürlichen Habitat der beiden *Theraphosa*-Arten entsprechen.

Nach Habitatuntersuchungen in Französisch Guyana, durchgeführt von MARSHALL & UETZ (1993), dauerte es 11

Wochen vom Kokonbau bis zum Schlupf der Larven. Die Larven waren zu diesem Zeitpunkt bereits deutlich dunkel gefärbt, was auf eine zeitliche Nähe zur nächsten Häutung hinwies, welche dann auch wenige Tage danach erfolgte.

Nach rund 12 Wochen hatten sich also aus befruchteten Eiern fertige Nymphen entwickelt.

Von der Nymphe zur adulten Spinne

Nach einigen Wochen sollte man anfangen, die Nymphen zu vereinzeln, um Ausfälle durch Kannibalismus zu vermeiden. Zwar ist dieses bei *Theraphosa* bei ausreichender Fütterung die Ausnahme, aber es kann trotzdem zu ungewollten und vor allem unnötigen Ausfällen kommen.

Als geeignete Behältnisse zur Aufzucht in den ersten Larvenstadien eigenen sich gebrauchte und gereinigte Heimchendosen oder ähnlich dimensionierte Behälter (zum Beispiel Salatschälchen aus dem Lebensmittelbedarf). In diesen Dosen können die kleinen *Theraphosa* nun die ersten Lebensmonate verbringen. Bei ausreichender Fütterung und entsprechend warmer Aufzuchttemperatur häuten sich die Jungsspinnen alle 6–8 Wochen und erreichen bereits nach wenigen Monaten eine enorme Körpergröße.

Mit der Zeit verlängert sich der Abstand zwischen den einzelnen Häutungen bis zum Adultstadium. Adulte Weibchen häuten sich nun in der Regel nur noch einmal im Jahr, adulte Männchen nach der Reifehäutung überhaupt nicht mehr.

Mit der Zeit ist dann auch eine Heimchendose viel zu klein geworden. Man kann die Spinnen nun in größeren Dosen unterbringen. Auf den diversen Verkaufsbörsen kann man eine Vielzahl entsprechender Behälter käuflich erwerben.

Diese Behälter reichen von der für die Terraristik umfunktionierten Haushaltsdose über Plastikkleinstterrarien mit praktischer Futterklappe bis zu Glasterrarien in diversen Größen.

Abb. 95. Nymphe von *Theraphosa blondi*.
Foto: Hans-Werner Auer

Sollte man sich zur Unterbringung in einem Glasterrarium entschließen, sollte man möglichst eins mit Falltürscheiben wählen. Vogelspinnen sind wahre Ausbruchskünstler. Das fängt bereits bei der Haltung in kleinen Plastikdosen an, wo sie das kleinste Loch so lange bearbeiten und erweitern, bis sie bequem entfliehen können.

Einmal jährlich finden Paarung, Kokonbau und Brutpflege statt. Ab dem 15. Lebensjahr kann man schon von einem sichtbaren Alterungsprozess ausgehen. Mit zunehmendem Alter werden die Häutungen unregelmäßiger und die Brennhaare werden dabei nicht mehr vollständig erneuert. Auch die Regenerierung verlorener Gliedmaßen ist nicht mehr in dem Maße möglich wie es bei jüngeren Exemplaren der Fall ist.

Irgendwann ist dann auch *Theraphosa* an ihrem Lebensende angekommen, in der Natur aufgrund der Vielzahl von Gefahren sicherlich eher als in der Terrarienhaltung. Sollte der natürliche Zyklus – sowohl im natürlichen Habitat, wie auch bei der Pflege durch den Vogelspinnenhalter – eingehalten worden sein, hat sie in ihrem Leben mehrere hundert kleiner Nachkommen hervorgebracht.

Weitere "Riesen"

Neben den beiden *Theraphosa*-Arten gibt es noch weitere Riesen unter den Vogelspinnen, die es aufgrund ihrer Größe verdient haben, in einem Buch über Riesenvogelspinnen Erwähnung zu finden.

Vogelspinnen aus Asien erreichen kaum die Ausmaße von *Theraphosa*. Am ehesten sind hier zum Beispiel *Haplopelma schmidti* oder *Cyriopagopus sp.* zu nennen.

Aus Afrika sind es *Citharischius crawshayi* und *Hysterocrates sp.*, die man getrost als Riesen bezeichnen kann.

Die wirklich imposanten Arten kommen jedoch aus Südamerika. Seien es *Acanthoscurria geniculata*, *Lasiodoria parahybana* oder die großen *Pamphobeteus*-Arten. Viele dieser Vogelspinnen erreichen zum Teil extreme Körperlängen. Nachfolgend eine Kurzübersicht der für die Terraristik relevanten Arten.

Acanthoscurria geniculata (C. L. Koch, 1841)

Vor einigen Jahren wurde diese oft als „weiße smithi" bezeichnete Art erstmals für die Terraristik eingeführt und entwickelte sich schnell zu einer der beliebtesten Vogelspinnen. Nicht nur eine imposante Größe von rund 8-9 cm, sondern auch eine sehr ansprechende Färbung macht die Beliebtheit dieser Art aus Brasilien aus (Abb. 96). Das Verhalten dieser Spinne kann man als recht nervös bezeichnen. Bei der geringsten Störung zeigt diese Art eine offensive Abwehrhaltung, indem sie das erste Beinpaar und die Taster aufstellt und zusätzlich die Chelizeren spreizt.

Abb. 96. *Acanthoscurria geniculata.* Foto: Frank Schneider

Citharischius crawshayi Pocock, 1900

Die wohl größte afrikanische Art stammt aus Kenia und erreicht ebenfalls etwa 8-9 cm Körperlänge. Diese Art ist hellbraun gefärbt und hat ein extrem dickes 4. Beinpaar. Aufgrund der natürlichen Vorkommen – *C. crawshayi* baut Röhren bis zu einer Tiefe von über einem Meter – gestaltet sich die Terrarienhaltung überaus schwierig (Abb. 97). Die Art baut ihre Höhlen fast senkrecht in lehmartige Böden. Im Gegensatz zu den *Theraphosa*-Arten, die in der Terrarienhaltung mitunter auch einen oberflächlichen Unterschlupf als Behausung annehmen, ist *C. crawshayi* immer bestrebt, sich tiefer in die Erde einzugraben, was durch den bald auftauchenden Boden der handelsüblichen Terrarien meist verhindert wird.

Abb. 97. *Citharischius crawshayi*. Foto: Frank Schneider

Lasiodora parahybana Mello-Leitão, 1917

Aus Brasilien stammt diese Vogelspinne, die mit Körperlängen von mehr als 8 cm ebenfalls zu den Riesen gerechnet werden kann. Ähnlich wie bei *Theraphosa* ist bei dieser Art keine besondere Färbung für die Beliebtheit als Terrarientier ausschlaggebend (Abb. 98). Die Quantität der Nachzuchten in einem Kokon schlägt bei dieser Art alle Rekorde – 2000 Jungspinnen pro Kokon sind keine Seltenheit.

Abb. 98. *Lasiodora parahybana*. Foto: Frank Schneider

Pamphobeteus antinous Pocock, 1903

Diese samtschwarze Art stammt aus dem Amazonasgebiet von Peru und bewohnt zumeist selbst gegrabene Wohnröhren. Große adulte Weibchen können Körperlängen von 9 cm erreichen (Abb. 99). Diese hübsche Vogelspinne findet man im selben Habitat wie *Megaphobema velvetosomma*. Teilweise befinden sich die Bauten dieser beiden Arten nur wenige Meter voneinander entfernt. Zur Verteidigung streckt *P. antinous* dem vermeintlichen Angreifer das mit Reizhaare gespickte Opisthosoma entgegen.

Abb. 99. *Pamphobeteus antinous*. Foto: Frank Schneider

Xenesthis immanis (Ausserer, 1875)

Zu den beliebtesten Vogelspinnen zählt *Xenesthis immanis* (Abb. 100). Die erreichbare Körperlänge beträgt etwa 9 cm. Hier ist es aber weniger die Größe, als vielmehr die außergewöhnliche Färbung, die diese Art aus Kolumbien zum Schmuckstück jeder Vogelspinnensammlung macht. Für die Haltung im Terrarium sollte man *X. immanis* möglichst viel Substrat anbieten, um die besten Voraussetzungen für die Grabfreudigkeit dieser Art anzubieten. Aufgrund der relativen Seltenheit dieser Vogelspinne, muss der Halter verhältnismäßig hohe Preise bezahlen.

Abb. 100. *Xenesthis immanis*. Foto: Frank Schneider

Danksagung

Es ist unmöglich die Vielzahl der Personen aufzulisten, denen ich zu Dank verpflichtet bin. Oftmals waren es nur kleine Denkanstöße in einer allgemeinen Diskussion über *Theraphosa*, welche dann in diesem Buch verwendet wurden.

Selbstverständlich gilt mein besonderer Dank Elke Köhler vom Herpeton Verlag, die es mir ermöglicht hat, dieses Buch zu schreiben.

Besonders danken möchte ich außerdem Martin Huber (Essen), für die Beschaffung von Literatur, Frank Schneider (Ludwigshafen) für Bilder, für die Geduld bei stundenlangen Diskussionen und natürlich für die Pizzas und Martin Thierer-Lutz (Schnürpflingen) für wertvolle allgemeine Diskussionen.

Abb. 101. Der Autor und die "Crew". Foto: Hans-Werner Auer

Marc Baumgarten (Essen) gab mir wertvolle Informationen zu den natürlichen Habitaten von *Theraphosa blondi* in Brasilien. H.-U. Rechsteiner (Schweiz) versorgte mich mit ebenso wichtigen Daten zu den Biotopen von *Theraphosa apophysis*. Von Stephan Prein (Recklinghausen) stammen viele Daten und Bilder zur Nachzucht von *Theraphosa blondi* im Terrarium.

Bastian Rast (Neuenhof, Schweiz) und Mario Hering danke ich für wichtige Fotos zur Paarung von *Theraphosa*. Heinz Schuh (Rodgau) hat dankenswerterweise ein Foto eines Nasenbärs zur Verfügung gestellt. Von Uwe Dost (Esslingen) erhielt ich dankenswerterweise zahlreiche Fotos.

Für die kritische Durchsicht des Manuskripts möchte ich mich bei Matthias Winter (Dortmund), Helmut Diethert (Ihlow), Uwe Dost (Esslingen) und meiner Tochter, Nadine Auer (Arnsberg), bedanken.

Für die fantastische gemeinsame Zeit in Guyana und die Unterstützung vor Ort danke ich Damon Corrie (Barbados). Du warst mir eine große Hilfe bei der Organisation und beim Umgang mit den Gepflogenheiten in Guyana. Balu und Samantha Paulinho, sowie John Farias (Lethem) haben uns bei der Reise in das Habitat von *Theraphosa blondi* begleitet. Ohne ihre Unterstützung wären die Anstrengungen kaum zu bewältigen gewesen. Griffith Isaacs vom Stamm der Makushi (Taushida) fungierte als Guide. Seine Erfahrung und Ausdauer brachte uns wohlbehalten zu den „Cock of the Rock Mountains“ (Abb. 101).

Weiterhin möchte ich mich bei den Indianern vom Stamm der Makushi aus Taushida und bei den Arawak aus Pakuri für die beispiellose Gastfreundschaft bedanken

Weiterhin möchte ich folgenden Personen danken: Bernd Cavelius (Wadern), Herwig Kahlenberg (Berlin), Krystian Karlinowski (Dortmund) und Claudia Schneider (Ludwigshafen) für Informationen, Diskussionen und Gastfreundschaft.

Bei meiner Familie – insbesondere meiner Frau Gabi – möchte ich mich für die Geduld und die aktive Mithilfe bei der Pflege meiner Tiere bedanken. Auch wenn sich im Wohnzimmer immer noch Terrarien und Spinnenbücher stapeln – alles wird gut.

Literatur

BERNO, R.-P. (2001): Erfahrungen zur Haltung und Zucht von *Theraphosa blondi*. DeArGe Mitteilungen 6(1): 4-6

DEUTSCHLE, T. (1999a): Eindrücke aus dem tropischen Tieflandregenwald Französisch-Guayanas; Lebensraum von *Theraphosa blondi* (1). DeArGe Mitteilungen 4(5): 3-7.

DEUTSCHLE, T. (1999b): Eindrücke aus dem tropischen Tieflandregenwald Französisch-Guayanas; Lebensraum von *Theraphosa blondi* (2). DeArGe Mitteilungen 4(6): 7-11.

GABRIEL, R. (2003): Notes on the Husbandry and Captive Breeding of *Theraphosa blondi*. British Tarantula Society Journal 18(2): 54-57.

KARSCH, F. (1880): Zur Arachnidengattung Theraphosa Walckenaer. Zeits. Ges. Natur. w. Berlin 53: 843-846.

MARSHALL, S. D. & G. W. UETZ (1993): The growth and maturation of a giant spider: *Theraphosa leblondi* (Latreille, 1804) (Araneae, Theraphosidae). Revue Arachnologique 10(5): 93-103.

MÜLLER, M.J. (1996): Handbuch ausgewählter Klimastationen der Erde. 5. Aufl. - Trier (Forschungsstelle Bodenerosion der Universität Trier): 400 S.

SCHMIDT, G. (2000): Zur Klassifizierung der Stridulationsorgane bei Vogelspinnen (Araneae: Theraphosidae). Entomologische Zeitschrift 110(2): 58-61.

SCHMIDT, G. (2003): Die Vogelspinnen. Westarp Wissenschaften, Hohenwarsleben, 383 S.

SCHNEIDER, F. (2004): »Schaum vorm Maul«, ein alt bekannter Vogelspinnenparasit und seine Folgen. ARACHNE 9(2): 4-11.

SCHULTZ, S.A. & SCHULTZ, M.J. (1998): The Tarantula Keeper´s Guide

STRIFFLER, B. & D. WEINMANN (2003): Vogelspinnen in Venezuela von der Karibik bis zu den Tepuis. DRACO 4(16): 70-76.

STRIFFLER, B. (2003): Vogelspinnen Biologie & Systematik. DRACO 4(16): 4-19.

TINTER, A. (1991): Eine neue Vogelspinne aus Venezuela *Pseudotheraphosa apophysis* n. gen. n. sp. (Araneae: Theraphosidae: Theraphosinae). Arachnol. Anz. 16: 6-10.

WEST, R. C. (2005): Die Vogelspinnen aus Französisch Guyana. ARACHNE 10(2): 4-13.

Glossar

Adult – Geschlechtsreif. Nicht zu verwechseln mit ausgewachsen. Weibliche Vogelspinnen werden oft zeitnah mit den Männchen adult, wachsen danach aber mit jeder Häutung weiter.

Brennhaare oder Reizhaare – Kleine am Opisthosoma befindliche Härchen, die zur Verteidigung abgestreift werden und bei vermeintlichen Angreifer Juckreiz und Ausschlag hervorrufen können. Im Fall von *T. blondi* und *T. apophysis* Reizhaartyp III.

Bulbus – Primäres Begattungsorgan der reifen Männchen. Befindet sich an der Spitze der Taster.

Chelizeren – Paariges Beißwerkzeug der Vogelspinnen, bestehend aus Chelizerengrundglied und Chelizerenklaue.

Coxa – Erstes Glied der Beine und Taster

Embolus – Spitz zulaufender Teil des Bulbus.

Femur – Drittes Glied der Beine und Taster

Hämolymphe – Blut der Insekten und Spinnentiere.

Larve – Zweites Larvenstadium nach dem Ei.

Metatarsus – Sechstes Glied der Beine. Fehlt an den Tastern

Nymphe – Fertig entwickelte Vogelspinne. Umgangssprachlich auch "1. Fresshaut".

Opisthosoma – Hinterleib der Spinne.

Ovar – Eierstock

Patella – Viertes Glied der Beine und Taster – Kniegelenk

Petiolus – Verbindung zwischen Prosoma und Opisthosoma

Prälarve – Erstes Larvenstadium nach dem Ei.

Prosoma – Vorderleib der Spinne

Scopula – Haarpolster. Zumeist an Tarsus und Metatarsus der Beine und Taster.

Spermathek – Weibliches Geschlechtsorgan der Spinnen. *Theraphosa* besitzen eine einteilige Spermathek (Abb. 102)

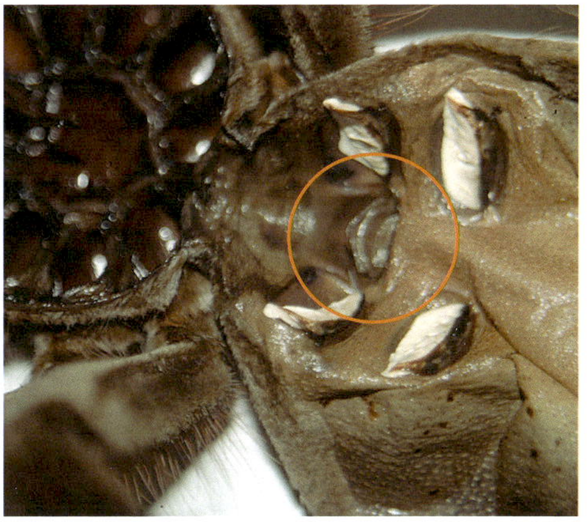

Abb. 102. Spermathek (Kreis) bei *Theraphosa blondi*. Foto: Uwe Dost

Stridulationsorgan – Im Fall von *T. blondi* und *T. apophysis* befindet sich das Stridulationsorgan an Coxa des 1. Beinpaares

Stridulieren – Erzeugung zumeist zischender Geräusche mittels Aneinanderreiben bestimmter Körperteile.

Tarsus – Endglied der Beine und Taster. Siebtes Glied der Beine; sechstes Glied der Taster

Tibia – Fünftes Glied der Beine und Taster

Tibiaaphophyse – Schienbeinhaken Hakenähnliches Gebilde an der Tibia von adulten Männchen von *T. apophysis*, welches als Paarungshilfe dient.

Trochanter – Zweites Glied der Beine und Taster

Anhang/Klima

Klimatische Jahreszyklen. Mittlere monatliche Niederschläge (Balken) und mittlere Tagestemperaturen (rote Kurve) und Nachttemperaturen (schwarze Kurve), nach MÜLLER (1996).

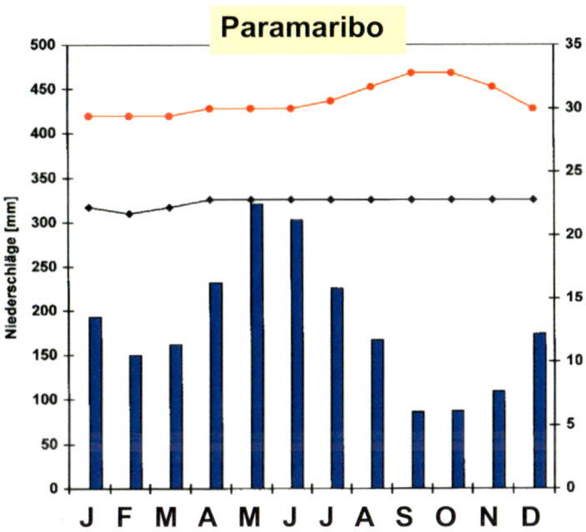

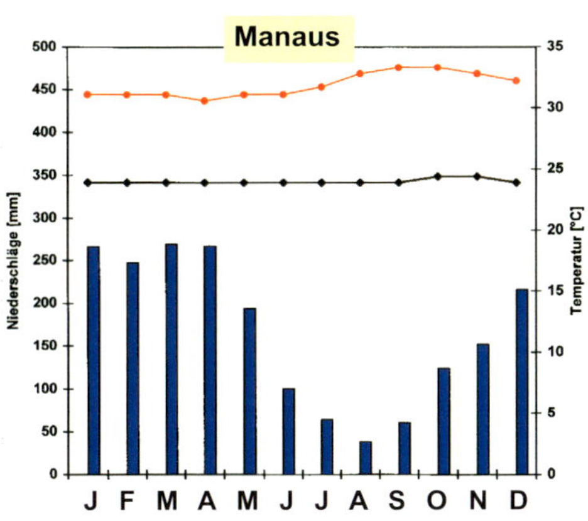

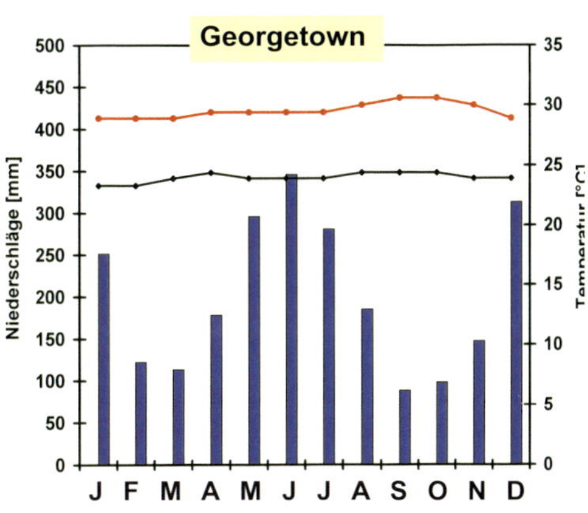

Über den Autor

Der Autor, Hans-Werner Auer, hält seit 1988 Vogelspinnen. Schon bald stellten sich auch ersten Zuchterfolge ein. Das Verlangen, mehr über diese überaus interessanten Tiere zu erfahren, sorgte für einen regen Austausch mit Gleichgesinnten. Mangels Internet und geeigneter Literatur war zu der Zeit ein Wissensaustausch nur über persönlichen, brieflichen oder telefonischen Kontakt möglich. Aufgrund dieser Einschränkungen hat der Autor durch Beobachtungen und Experimente zur optimalen Terrarienhaltung seine Kenntnisse über Vogelspinnen nach und nach selbst erweitern können. Seit 2004 bereist Herr Auer vermehrt die Herkunftsgebiete seiner Pfleglinge. Neben Paraguay, Brasilien, Venezuela und Guyana führten ihn seine Reisen vor allem die Amazonasgebiete von Peru. Dabei konnte er viele wertvolle Erkenntnisse über Vogelspinnen im natürlichen Lebensraum gewinnen und in seine Terrarienhaltung einfließen lassen. Auf den Exkursionen in die Regenwälder fand er mehrere bis dato kaum bekannte Arten, von denen er einige mit offizieller Genehmigung der jeweiligen südamerikanischen Behörden nach Deutschland einführen konnte. Neben seinem Hobby und der selbständigen Tätigkeit verfasst der Autor auch regelmäßig Artikel für die ARACHNE, dem Organ der Deutschen Arachnologischen Gesellschaft (DEARGE). Diese Artikel befassen sich überwiegend mit Erfahrungen von Arten, die er auch im natürlichen Habitat beobachten konnte.

Abb. 103. Der Autor (rechts) mit seinem peruanischen Freund Jorge in einer Indiohütte am Rio Itaya.
Foto: Hans-Werner Auer

Nützliche Adressen

Deutsche Arachnologische Gesellschaft e.V.
Dipl. Biol. Boris F. Striffler
Kommerner Str. 91
53879 Euskirchen
striffler@dearge.de
Internet: www.dearge.de

The British Tarantula Society
Angela Hale, 3 Shepham Lane, Polegate, East Sussex. BN26 6LZ. England
Internet: http://www.thebts.co.uk

ZAG Wirbellose im Terrarium e.V.
Ingo Fritzsche
Heinrich-Heine-Str. 9
D-38855 Wernigerode
E-Mail-Adresse: arthropoda@t-online.de
Internet: http://www.zag-wirbellose.de

WORLD SPIDER CATALOG
Norman I. Platnick, Peter J. Solomon
Division of Invertebrate Zoology,
American Museum of Natural History,
Central Park West at 79th Street,
New York NY 10024
Internet:
http://research.amnh.org/entomology/spiders/catalog/

Deutsche Gesellschaft für Herpetologie und Terrarienkunde (DGHT) e. V.
DGHT e.V., Postfach 1421 D-53351 Rheinbach, Germany
Fon +49-2225-703333
Fax +49-2225-703338
E-Mail: gs@dght.de
Internet: http://www.dght.de

Vogelspinnenstammtisch.ch
Bastian Rast
Birkenstrasse 7
CH-5432 Neuenhof
056/535 05 18
basti@vogelspinnenstammtisch.ch
Internet:
http://www.vogelspinnenstammtisch.ch

Register

Biotopzerstörung 6, 7, 36
Brennhaare oder Reizhaare 10, 16, 39f
Bulbus 20, 23
Carapax 12, 14
Chelizeren 10, 16, 17, 19, 20, 37, 38, 39, 46, 62
Coxa 16, 17, 19
Embolus 20
Exuvie 40, 77
Femur 12, 14, 16, 17, 19
Gift 37ff
Hämolymphe 62
Häutung 10, 14, 23, 40, 45, 50, 51, 60
Kokon 20, 55, 75ff, 77, 83
Kokonbau 52, 55, 59, 73ff
Labium 41, 58
Larve 76ff
Metatarsus 12, 14, 17, 19, 20
Nematoden 46, 58
Nymphe 12, 79ff
Opisthosoma 9, 17, 19, 39, 45, 60, 62, 84
Patella 17, 19
Pepsis 57f
Petiolus 62
Phoridae 46, 54, 56f
Prälarve 76ff
Prosoma 19, 62
Pseudotheraphosa 12
Regenwald 6, 21, 23, 25, 26, 28, 31, 32, 33, 65
Reifehäutung 20, 48, 65
Scopula 19
Spermanetz 66, 68
Spermathek 20
Stridulationsorgane 12, 16
Tarsus 12, 13, 14, 17, 19, 20
Taster 17, 20, 72, 96
Terrarium 10 48ff, 62, 64, 67, 79f
Theraphosinae 16
Tibia 17, 19
Tibiaapophyse 12, 14, 15, 16, 73
Trochanter 16, 17, 19
Wohnhöhle oder Wohnröhre 21, 23, 28, 29, 34, 67
Zoohandel 41